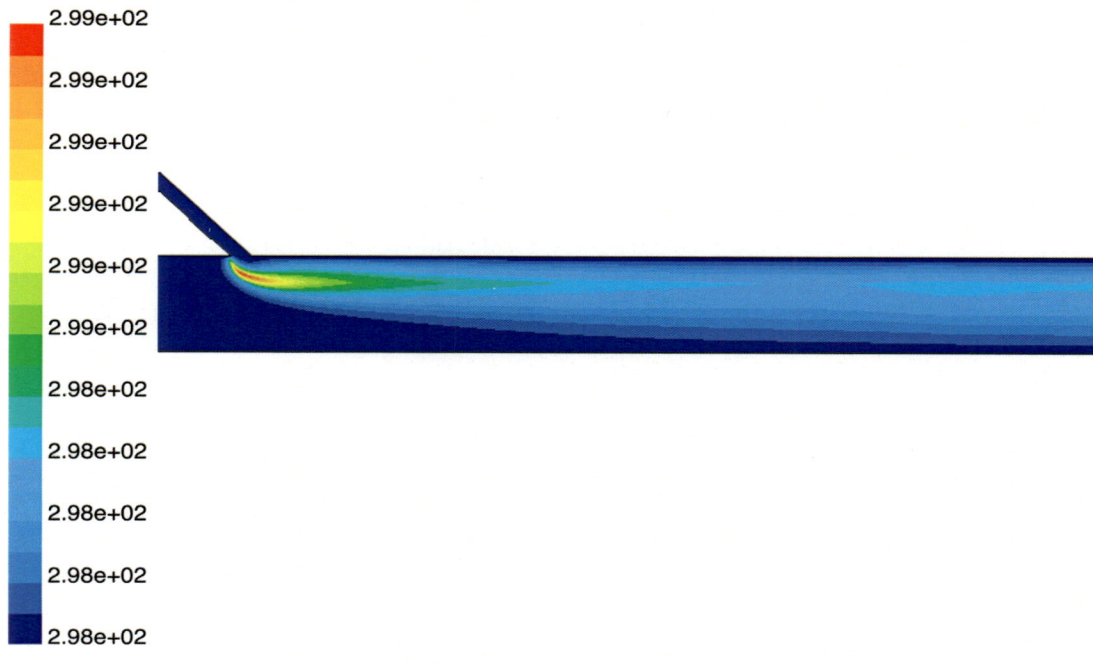

口絵1 CFD による発熱反応性流れの微視的で詳細な解析（温度分布）[p. 42 参照]

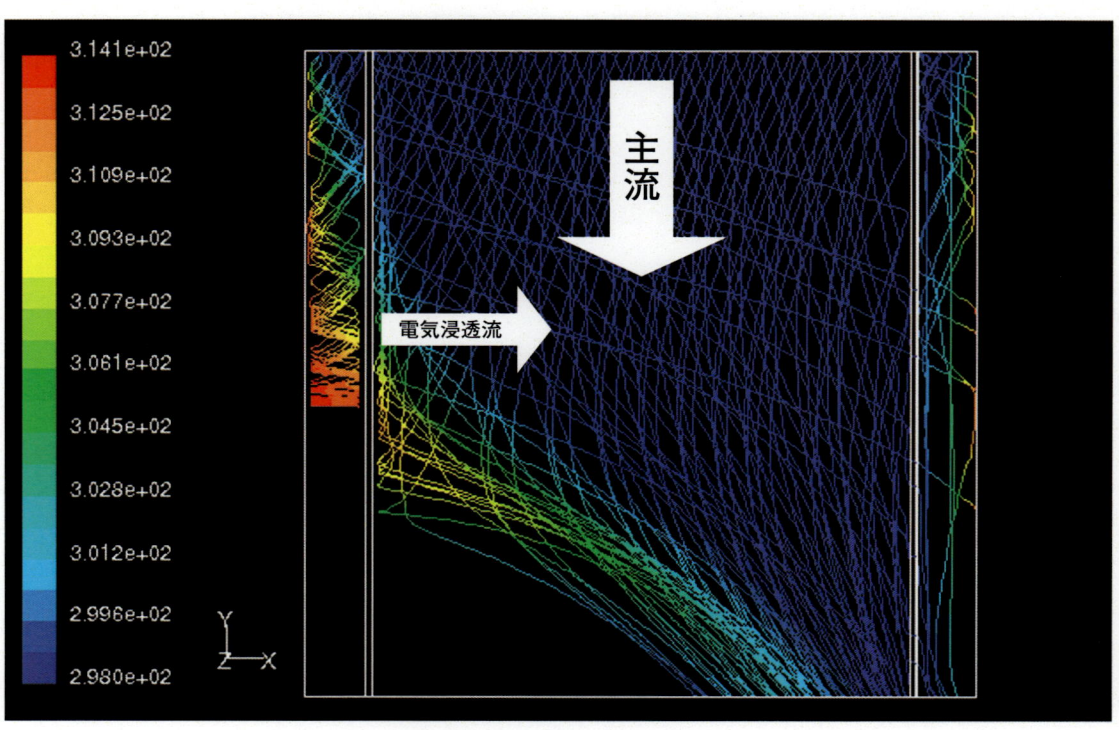

口絵2 マイクロフリーフロー電気泳動装置内の流跡線と温度分布のシミュレーション [p. 44 参照]

シリーズ〈新しい化学工学〉

システム
解析

黒田千秋

［編集］

朝倉書店

シリーズ〈新しい化学工学〉 編集者

小 川 浩 平	東京工業大学名誉教授（シリーズ全体，第1巻）
太田口 和 久	東京工業大学大学院理工学研究科化学工学専攻（第2巻）
伊 東　　章	東京工業大学大学院理工学研究科化学工学専攻（第3巻）
黒 田 千 秋	東京工業大学大学院理工学研究科化学工学専攻（第4巻）
鈴 木 正 昭	東京工業大学大学院理工学研究科化学工学専攻
久保内 昌 敏	東京工業大学大学院理工学研究科化学工学専攻
益 子 正 文	東京工業大学大学院理工学研究科化学工学専攻

第4巻 システム解析 執筆者　　　　　　　　　　　　　　　分担

*黒 田 千 秋	東京工業大学大学院理工学研究科化学工学専攻	1, 3, 5章
山 下 善 之	東京農工大学大学院工学研究院応用化学部門	2.1節〜2.7.3項, 4.1節〜4.2.1項, 4.3, 4.4節
松 本 秀 行	東京工業大学大学院理工学研究科化学工学専攻	2.7.4項, 4.2.2項, 4.5節

（執筆順，＊印は本巻の編集者）

まえがき

　本書は，システムの性質を解析する分野と，そのために必要となるモデリング・シミュレーション手法の分野に関する書であり，システム工学の3本柱（模擬，評価，最適化）のうちで，主に模擬に関する内容で構成されている．システム工学は本来，特定された対象ごとの各論を扱うものではないが，やはり対象に応じて内容に相違が出るのは必至である．本書では，化学工学の重要な対象である化学プロセスのシステム解析の方法論と，第5章で取り上げるプロセス強化へ展開するための具体的応用方法について，主に大学院生向けに説明している．

　化学工学に解決を求める対象問題の多様化，複雑化がますます進行し，従来の画一的な方法論だけでは解決できないことが多く，多種多様な解析方法を組織的に応用することが求められている．本書の主目的は「多様な解析方法の応用」であり，具体的な対象への解析方法の応用を分かりやすく説明することを重視した．そのため，厳密かつ詳細なシステム理論に関する説明はあえて省略しており，その点に関しては各章ごとに挙げた参考書・文献を参照していただきたい．

　本書は，第1，2章の前半と第3，4，5章の後半に大別される．前半ではシステムとその解析方法の基礎について記述し，後半では複雑なシステムの解析方法とその応用・展開について記述する．最初に前半によりシステム思考の概念と基礎的方法を理解した上で，後半における具体的な応用・展開事例に臨んでもらいたい．なお，後半での記述内容の多くは例題や演習問題の解答のようなものであり，最初に述べた「システム工学は本来，特定された対象ごとの各論を扱うものではない」という認識のためにシステム解析の理解が難しくなることを避けたいと願った結果でもある．

　第1章は「システムの基礎」であり，最初にシステムとプロセスシステムの定義を行った上で，プロセスシステムの解析手順と合成手順の相違を説明する．次にモデリングとシミュレーションに基づくシステム思考の基本概念を示した上で，システム構造のモデリング方法の代表例について説明する．最後にシステムの評価と最適化に関する概要を説明する．

　第2章は「システム解析の基礎的手法」であり，最初に，様々な基本的モデル化手法を「連続と離散」，「定量と定性」，「確定と確率」などの視点から分類してそれぞれ説明する．次に，特に複雑な挙動を示す複雑系を扱う際の代表的モデルとしてカオスについて説明し，さらに，人間の経験などもモデル化できる推論モデルについて説明する．最後に，評価や意思決定の際に不可欠な最適化問題の代表的な数値解法について説明する．

第3章は「動的複雑システムの構成論的解析方法と応用」であり，最初に大規模複雑システムの取扱指針を説明し，ネットワーク型モデリング方法の重要性を明示する．次に具体的な動的複雑システムの例を挙げつつ，マルチスケールモデリング，ペトリネットモデリング，マルチエージェントモデリングの各手法と解法について説明する．本章では，時間の経過と共に種々の状態量が変移する複雑過程を解析することが主目的となるが，この変移する過程を「ながれ」と表現する．

第4章は「複雑システム解析の展開」であり，最初に，データマイニング的見地から解析手法を整理し，2章では取り上げなかった多変量解析やパターン認識，経験的ネットワークなどの手法について説明する．次に具体的なプロセスデータを用いつつ，プロセスモニタリングへの展開，プロセス制御システムへの展開について説明する．最後に，化学工学に解決を求める対象問題の特徴に応じて，経験的ネットワークモデリング手法と他のシステム解析手法を組み合わせた応用事例について説明する．

第5章は「プロセス強化への展開」である．本来，本書はシステム解析とモデリング・シミュレーション手法に関する書ではあるが，システム解析がシステム合成・運用のためのものであり，モデリング・シミュレーションがシステム計画・設計のためのものであることを説明した上で，本質安全設計に基づくグリーンプロセス工学を目指しつつ，複雑システム解析方法のプロセス強化への展開について説明する．

なお，化学プロセスのシステム解析に際し，特に安全性を十分に考慮することが求められるが，当視点からの記述内容が不十分であったことが心残りであり，読者の方々の英知に委ねざるをえなくなってしまったことを反省する次第である．

終わりに，シリーズ「新しい化学工学」の企画・編集を総括なさり，本書の編集と執筆を私に委ねてくださった東京工業大学名誉教授小川浩平先生に深く感謝申し上げます．また，執筆にあたって参考にさせていただいた多くの著書，文献などの著者，ならびに本書の刊行にあたって，長期に渡って多大なご尽力をいただいた株式会社朝倉書店編集部の方々に対し，心より感謝申し上げる次第です．

2014年2月

第4巻編集者　黒　田　千　秋

目　次

1.　システムの基礎

1.1　システムとプロセスシステム……………… 1
　1.1.1　システムの定義…………………… 1
　1.1.2　システムの分類…………………… 2
　1.1.3　プロセスシステムの定義………… 3
　1.1.4　プロセスシステム開発…………… 3
1.2　プロセスシステムの解析と合成…………… 4
　1.2.1　プロセスシステムの解析………… 4
　1.2.2　プロセスシステムの合成………… 5
　1.2.3　プロセスシステム工学の3領域…… 5
1.3　モデリングとシミュレーションの概念… 5
　1.3.1　順問題と逆問題…………………… 6
　1.3.2　モデリングとシミュレーション… 6
1.4　システムの構造モデルと解析……………… 8
　1.4.1　グラフと行列を用いたシステム構造
　　　　の表現…………………………………… 8
　1.4.2　構造モデリング手法を用いた階層化
　　　　と縮約…………………………………… 9
　1.4.3　強連結の切断……………………… 10
1.5　システムの評価と最適化…………………… 11
　1.5.1　評価と意思決定…………………… 11
　1.5.2　化学プロセスにおける評価……… 11
　1.5.3　重み付け総合評価手法と階層化意思
　　　　決定法………………………………… 11
　1.5.4　最適化の概要……………………… 13

2.　システム解析の基礎的手法

2.1　連続モデルと離散モデル………………… 16
　a.　ホールド等価近似……………………… 16
　b.　インパルス不変近似…………………… 17
　c.　数値積分による近似…………………… 17
2.2　定量モデルと定性モデル………………… 19
　2.2.1　経時変化の定性的な記述と演算… 19
　2.2.2　微分方程式の解の大域的性質…… 20
2.3　確率過程モデル…………………………… 22
　2.3.1　確率過程…………………………… 22
　2.3.2　自己相関関数とパワースペクトル… 23
　　a.　白色ノイズ…………………………… 23
　　b.　AR過程………………………………… 24
　　c.　ARMA過程……………………………… 24
　2.3.3　確率過程モデルの同定…………… 25
　2.3.4　ARMAXモデル……………………… 25
2.4　状態空間モデルとカルマンフィルタ… 26
2.5　複雑系のモデル…………………………… 27
2.6　推論モデル………………………………… 29
　2.6.1　記号論理と推論…………………… 29
　2.6.2　ファジイ推論……………………… 30
2.7　最適化問題の解法………………………… 32
　2.7.1　制約条件のない連続関数の最適化… 32

2.7.2　制約条件のある場合 …………… 34
2.7.3　離散変数の最適化 ……………… 34
2.7.4　進化論的計算手法 ……………… 35

3. 動的複雑システムの構成論的解析方法と応用

3.1　大規模複雑システムの取扱い指針 …… 39
3.2　マルチスケールモデリング・シミュレーション …………………………………… 40
　3.2.1　マルチスケールモデリング・シミュレーションへの接近 …………… 41
　3.2.2　微視的現象の詳細モデルと巨視的構造のシステムモデルの連結 ……… 42
　3.2.3　マルチスケールモデルを用いたハイブリッドシミュレーション ……… 42
3.3　論理的ネットワークモデリング――ペトリネットモデリング …………………… 46
　3.3.1　ペトリネットの基礎 …………… 46
　3.3.2　ペトリネットによる複雑システムのモデル化 ………………………… 49
3.4　マルチエージェントモデリング ……… 50
　3.4.1　エージェントの定義と枠組み …… 50
　3.4.2　マルチエージェントモデルの定義と枠組み …………………………… 51
　3.4.3　プロセス開発への応用 ………… 51

4. 複雑システム解析の展開

4.1　大量データからの情報抽出 …………… 57
　4.1.1　大量データの解析手順 ………… 57
　4.1.2　統計解析と回帰分析 …………… 58
　4.1.3　次元の低減と主成分分析 ……… 60
　4.1.4　クラス分類型の手法と判別分析 … 61
　4.1.5　クラスタリング型手法 ………… 62
4.2　経験的ネットワークモデリング ……… 63
　4.2.1　教師付きニューラルネットワーク … 63
　4.2.2　教師無しニューラルネットワーク … 65
4.3　プロセスモニタリングへの展開 ……… 67
4.4　プロセス制御システムへの展開 ……… 70
　4.4.1　基本的なフィードバック制御 …… 71
　4.4.2　モデル予測制御 ………………… 72
　4.4.3　ソフトセンサー ………………… 73
4.5　経験的ネットワークモデリングの化学工学的応用 …………………………………… 73
　4.5.1　プロセスシステムの複雑化と経験的ネットワークモデリング手法 …… 73
　4.5.2　自己組織化マップを用いたプロセス画像のパターン解析 ……………… 75
　　a．プロセス画像の取得と入力データベクトルの作成 …………………… 76
　　b．SOMの学習と生成マップのクラスタリング ………………………… 77
　　c．想起による状態診断 …………… 78
　4.5.3　適応ネットワーク型ファジィ推論システムを用いた生成物の性状推定 … 78
　　a．モデルの入力変数と出力変数の選択 …………………………………… 80
　　b．初期のモデル構造の決定 ……… 80
　　c．用意するデータセットの種類 … 81
　　d．パラメータ調整とモデル構造の検証 …………………………………… 81
　4.5.4　遺伝的ニューラルネットワークを用いた生産プロセスの動的スケジューリング …………………………… 83

5. プロセス強化への展開

5.1　工学設計の公理 ………………………… 92
5.2　本質安全設計の考え方 ………………… 93
5.3　プロセス強化の指針 …………………… 94
　5.3.1　PIとプロセス強化の歴史と動向 … 94
　5.3.2　グリーンエンジニアリング（GE）に

始まるグリーンプロセス工学（GPE）
　　　………………………………………… *95*
5.3.3　PI 技術の動向と重要課題………… *96*

索　引………………………………………… *99*

1

システムの基礎

第1章の記号一覧

A	隣接行列
C	評価重みの一対比較行列
c_{ij}	評価重みの一対比較値
E	総合評価尺度
e_i	評価値
e_{is}	評価基準値
f, z	目的関数
g	制約条件
i, j	要素番号
n, m	要素数
R	可達行列
$\mathbf{w}$	評価重みベクトル
w_i	評価重み
$\mathbf{x}$	システム変数ベクトル
x_i	システム変数

システム工学(systems engineering)の柱は,模擬(modeling-simulation),最適化(optimization),評価(evaluation)であり[1],まえがきでも触れたように,本書は主にシステムの性質を解析する分野と,そのために必要となるモデリング・シミュレーション手法の分野に関する書である.

本章では,まず1.1節においてシステムならびにシステム工学の定義を示し,化学工学が対象とするシステムとして重要なプロセスシステムの実態を明確にする.1.2節においてプロセスシステムの解析(analysis)と合成(synthesis)の手順の違いを説明し,同手順におけるモデリングとシミュレーションの役割を明確にする.1.3節においてシステム解析におけるモデリングとシミュレーションの位置付けを説明し,代表的なモデルとそれらの特徴を明確にする.1.4節においてシステムの機能・構造の解析手法を説明し,システムの構造モデルの要点を明確にする.1.5節において評価と最適化の概要を説明するとともに,具体的な評価手法と最適化手法を説明する.

1.1 システムとプロセスシステム

1.1.1 システムの定義

システム(system)という言葉は種々の意味をもつ.日本では組織,体系,系などと解釈され,「システムとは,多数の構成要素が有機的な秩序を保ち,同一目的に向かって行動するもの」と定義されている.英語のsystemはさらに多くの意味をもち,制度,体制,方式,規則などにも使われている.ここでは,工学的システム,すなわちシステム工学におけるシステムを明確に定義しておくことにする.

本書で対象としている工学的システムを図示すると図1.1のように表される.これを文章で定義すれば,「目的や機能の異なる複数の部分(要素)が結合して構成され,全体として固有

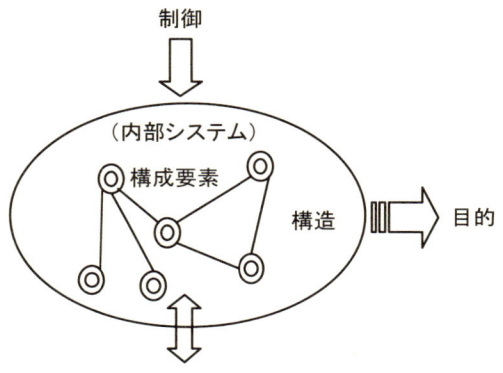

図 1.1　工学的システムの構成

の目的を達成しようとする体系」となる．複数の構成要素（components）からなり，構成要素が互いに連結する構造（structure）をもち，全体として固有の目的（一つとは限らない）のために機能を発揮する体系である．システム技術はシステムの目的を実現するための目的指向の技術である．工学的システムのほとんどが人工システム（artificial systems）であり，外部システム（環境）からの制御が可能という条件が必要であり，これは自然システムとは異なる特徴である．ここで，注目している対象システムは，外部システム（環境）に対して内部システムと呼ばれ，その境界を通して物質，エネルギー，情報などの出入りがある場合には開システム（open system），出入りがない場合には閉システム（closed system）と呼ばれる．

大規模システムでは，上記の構成要素の各々が小システムとなり，この小システムを全体システムに対してサブシステム（subsystem）と呼ぶ．全体システムの特性は各サブシステムの特性と全体システムの構造により定まることになる．システム特性をサブシステム特性とシステム構造に分解して解析し，それらに基づいて固有の目的を達成できるような最適なシステムを合成し，運用するための組織的で論理的な方法を体系化した学問がシステム工学である．そして，目的指向，固有要素技術ベース，大規模・複雑（多数の要素と連結）をキーワードとしたシステム思考を可能にするために必要なのがシステム工学の手法（システム技術）であり，解法のアルゴリズムがわかりにくい悪構造問題（ill-structured problem）が対象となることが多い．

1.1.2　システムの分類

システムを対象と構成要素の観点から分類した一例として，ハードシステム（hard system）とソフトシステム（soft system）がある．前者は化学プラントのような実体をもつものであり，後者は制御プログラムのような情報を扱うものである．工学的システムの機能を達成するためには両者の統合が必要になることが，上述の工学的システムの定義からも明らかである．

システムを構造の観点から分類した一例として，集中システム（centralized system）と分散システム（distributed system）がある．前者は，意思決定機能が一つの要素に集中化しているシステムで，図 1.2(a) に示すように階層構造（hierarchical structure）をとることが多く，効率性や経済性で優れている反面，不測事態に弱いなど柔軟性で劣っている．後者は，複数の要素が独自の意思決定機能をもっているシステムで，図 1.2(b) に示すように要素間の協調が図られる自律分散協調システムの構造をとることが多く，多様性や柔軟性で優れている反面，迅速性や一貫性で劣っている．独自性をもつ自律した要素同士が協調しながら全体性を保つ性質はホロニック（holonic）と呼ばれ，3 章で複雑系の構成論的システム思考を理解する際に必要となる大規模・複雑システムの重要な性質である．

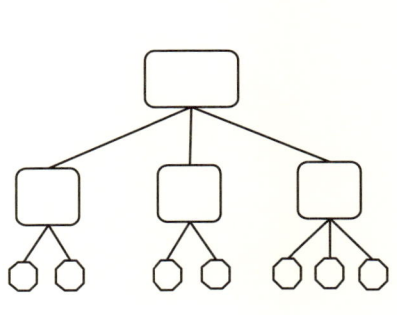
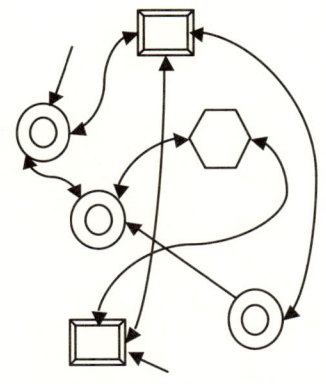

(a) 階層的集中システム　　(b) 自律分散協調システム

図1.2　集中システムと分散システム

1.1.3　プロセスシステムの定義

化学プロセス（chemical process）は，混合，反応，蒸留，抽出，乾燥，伝熱などの機能が異なるいくつかの単位プロセス（unit process）を結合して構成され，原料を物理的あるいは化学的に変換して，目的とする物質またはエネルギーを生産するという全体的目的をもつシステムであり，プロセスシステム（process systems）と呼ばれる．プロセスシステムを対象とするシステム工学をプロセスシステム工学（Process Systems Engineering；PSE）という．上記の単位プロセスを装置として具体化したものが単位装置であり，それらの機能を発揮させるための諸操作が単位操作（unit operation）である[2,3]．

プロセスシステムの構成は図1.3に示すように，オンサイトシステム，オフサイトシステムとオペレーションシステムからなっている．

オンサイトシステムは物質のながれを扱う主プロセスシステムであり，原料から製品までの製造システムである．オフサイトシステムは，燃料，スチーム，電力，排水などの主にエネルギーや水のながれを扱うユーティリティーシステムと，原料，製品，部材の輸送・貯蔵・配給システムなどの物資のながれを扱うロジスティックシステムとからなる[4]．オペレーションシステムは情報，信号のながれを扱うシステムであり，プロセス全体の運転計画を立てるスケジューリングシステムから個々の装置を制御するコントロールシステムまで，階層構造をとっている．プロセスシステムの核となる部分はオンサイトシステムではあるが，上記の三つのシステムを独立して考えることはできず，それらが統合化されてはじめてプロセスシステム全体の機能を果たすことができる．

1.1.4　プロセスシステム開発

効率的かつ経済的なプロセスシステム開発の手法には，スケールアップ（scale-up）手法と多系列化（numbering-up）手法の2種類がある．スケールアップ手法は長年にわたり化学工学の

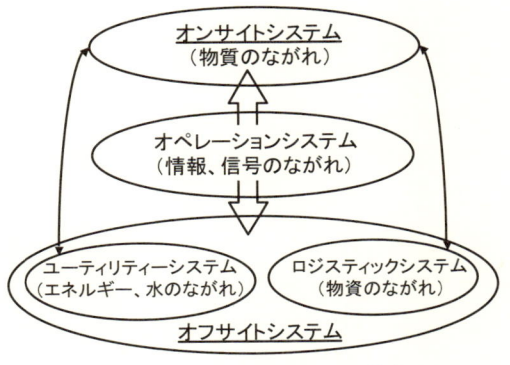

図1.3　プロセスシステムの構成

図 1.4 少量多品種生産のためのマイクロ化学プロセス
(Ehrfeld Mikrotechnik BTS 社（ドイツ）製品，DKSH ジャパン(株)提供)

分野で培われてきた大量生産のための一般的な手法であり，小さな実験用プロセスから始めて段階的に装置寸法を大きくして，大型プロセスによる規模の効果 (scale merit) を狙ったものである．

一方，多系列化手法は少量多品種の製造プロセスにおける効率性と柔軟性の向上およびプロセス開発の経済性向上を狙った手法であり，図1.4 のマイクロ化学プロセスのような小型プロセスを実験規模で開発した後，生産量に合わせて同じプロセスを多系列化するものである．

多系列化プロセス開発においては，プロセスシステム全体を構成する単位プロセス数が増加し，それらを結ぶ連結も多く複雑となり，本書で重点を置いている複雑システムとしての解析手法が特に重要となる．

1.2 プロセスシステムの解析と合成

本書は主にシステム解析に関する書ではあるが，システムの解析 (analysis) と合成 (synthesis) の手順には大差があり，両者を理解することがシステム思考の原点となるため，本節では，両者の違いを述べることにする[2]．

1.2.1 プロセスシステムの解析

プロセスシステム解析の手順をまとめると，次のようになる．

1) プロセス全体（システム）を単位プロセス（サブシステム）に分解
2) 単位プロセスの結合の仕方（システム構造）をモデリング
3) 各単位プロセスの特性をモデリング
4) 各単位プロセスの特性モデルとプロセス全体の構造モデルからプロセス全体の特性を推定

単位プロセスのモデリングに際しては，分子運動論，熱力学，移動現象論，反応工学，操作論などに基づき，ミクロからマクロまでマルチスケールのモデリング手法を導入する必要がある．

1.2.2 プロセスシステムの合成

プロセスシステム合成の手順（設計手順）をまとめると，次のようになる．

1) プロセス全体（システム）の機能（目的）と，機能の評価項目・基準を設定
2) プロセス全体の基本的な技術方式を決定
3) プロセス全体の構造を決定
4) 構造に従って，全体機能を複数の単位プロセス（サブシステム）の機能に割付け
5) サブシステムをシステムに置き換えて，上記の1)〜4) の繰り返し

以上のように，合成のための目的指向のシステム技術にとって，最初に明確な目的を定めることが重要である．そして，マクロなシステムからミクロなシステムへ向かって試行錯誤を伴いながら決定手順を繰り返すことをデザインスパイラル（design spiral）と呼び，特に最初にプロセス全体の技術方式を決定するまでの段階をプロセス計画と呼ぶこともある．その後，BFD（Block Flow Diagram），PFD（Process Flow Diagram），P&ID（Piping & Instrument Diagram），単位プロセス設計（化工設計，制御系設計）と進む過程がプロセス設計と呼ばれる．

システムの合成手順では，2) や 3) にみられる（意思）決定（decision making）手順が重要となり，そのために 1.2.1 項のシステム解析によって蓄積されてきた各種のモデル知識とそれらに基づくシミュレーションが評価データを推定するために使用される．このように，システムの解析と合成は表裏一体の関係にある．

1.2.3 プロセスシステム工学の3領域

プロセスシステム工学が扱う三つの領域を整理すると図 1.5 のようになる．

解析と合成の詳細は前項で述べたとおりである．特に，プロセスシステム解析にとって物質

【ワンポイント解説】

システム技術は，ヨーロッパ（特に英国）で生まれた種々の固有技術が米国に伝わり，広大な環境の中で育まれ，互いにつながり合って生まれた技術である．自動車の大量生産のための生産システム技術，地球・宇宙規模のロケット技術，世界規模のインターネット技術などが代表的なものであろう．狭い日本の環境ではなかなか生まれにくいものであったが，JR新幹線の技術は日本の誇るシステム技術の一つであり，キーポイントは，高速輸送という明確な目的と日本全土という環境があったからであろう．大規模で複雑なものを扱う技術こそがシステム技術なのであろう．

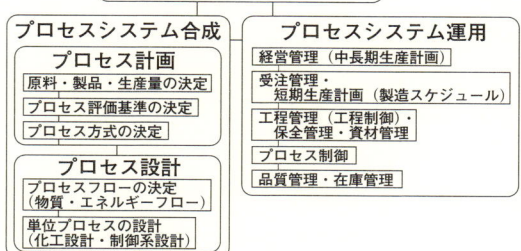

図 1.5　プロセスシステム工学の3領域

の特性（物性）が重要であることはいうまでもないが，物性データベースの拡充が望まれる．プロセス産業の現場においてはプロセスシステムの運用技術が重要であるが，その際，解析で得られた各種モデルが制御・操作・管理条件の決定に有用となる．

1.3 モデリングとシミュレーションの概念

システム工学では，問題とするシステムに対

してモデル化 (modeling) を行い，そのシステムの機能を確かめるために，得られたモデルを用いたシミュレーション (simulation) を行う．モデリング手法やシミュレーション手法は，解こうとする問題の種類やシステムの種類によってさまざまである[5]．

1.3.1　順問題と逆問題

システム工学における問題設定を説明するために図 1.6 を示す．

システムへの入力 I (input)，システムからの出力 O (output)，システムモデル SM (system model) の関連によって，システム工学の問題は次のように分類される．

1) I と SM が判明していて O を求める問題：
　順問題 (direct problem)，分析問題
2) I と O が判明していて SM を求める問題：
　逆問題 (inverse problem)，同定問題，設計問題（システム自体を対象とする場合）
3) SM と O が判明していて I を求める問題：
　逆問題，制御問題

順問題の解法は比較的容易であり，シミュレーションの結果が唯一に定まるが，逆問題の答えは一般に複数存在することが多く，答えを一つに特定するためには評価手法，最適化手法に基づくシミュレーションの繰り返しが必要となる．

1.3.2　モデリングとシミュレーション

モデリングとシミュレーションに基づくシステム思考の基本概念を図 1.7 に示す．

ここで，モデル (model) とは，科学の法則や確率・統計データを用いて，具体的な実システムの挙動や状態を分析，一般化，抽象化，簡略化したものであり，一般的には数学モデルではあるが，文章で表現した定性的モデルもあり，各種のモデルを整理してまとめたものをモデル知識と呼ぶことにする．モデル知識に基づきコンピュータなどを用いて解析を行うことを，シ

図 1.6　システム工学における問題設定

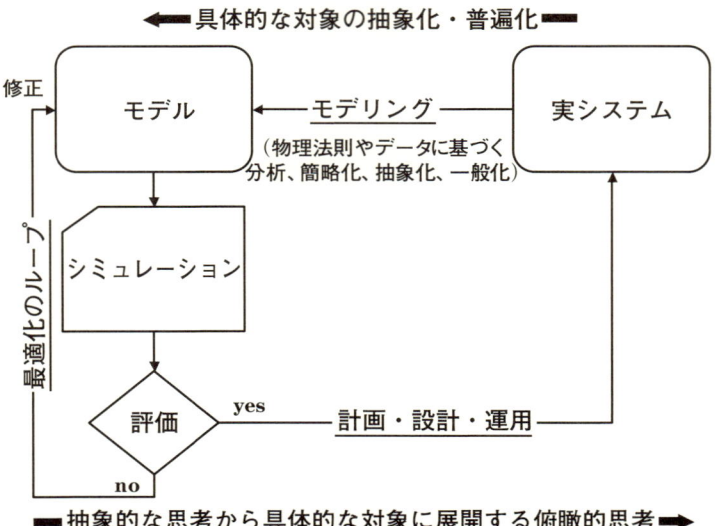

図 1.7　システム思考の基本概念

ミュレーション (simulation) と呼ぶ．シミュレーション結果を用いてシステムの特性を評価し，最適な特性を得られるまでモデルの修正を繰り返す作業を最適化 (optimization) と呼ぶが，その詳細は 1.5 節と 2.7 節において述べる．最適化されたモデルを用いて，具体的な実システム全体の計画・設計あるいは運用に展開する俯瞰的な思考が，モデリングとともにシステム思考の基本概念である．

多種多様なモデルがあるが，図 1.8 に示すようなモデルの分類の仕方がある．

ブラックボックス (black box) モデルは，システムの入出力関係のみに注目しシステムの内部構造を考慮していないモデルであり，一方，ホワイトボックス (white box) モデルは，システムの内部構造が明確に表現できるモデルである．化学システムではシステム内部の詳細を完全にモデル化することが難しいことが多く，ブラックボックスもしくはグレーボックスのモデルが広く使用されてきた．ブラックボックスモデルの代表例である伝達関数モデルやニューラルネットモデルは，入出力関係だけに注目した簡潔なモデルであり，実験結果に依存した内挿モデルである．ニューラルネットモデルは生物神経系の情報処理機構を模擬することを目的としたモデルであり，多入力多出力の非線形モデルとして有用である．システム内の諸現象の因果関係をグラフなどで表現する因果関係モデルは一種の構造モデルであり，システムの変化の傾向を定性的に捉えるのに有効ではあるが，定量性に欠けており中間的なグレーボックスモデルとするのが適切であろう．微小時間，微小領域内の現象を精微にモデル化するには微分方程式モデルが有用であり，ホワイトボックスモデルの代表例である．完全混合状態の均一な場で時間のみが独立変数となる系は集中定数系 (lumped parameter system) と呼ばれ，常微分方程式モデルで表される．一方，プロセス変数の空間的分布を重視し，時間と空間座標が独立変数となる系は分布定数系 (distributed parameter system) と呼ばれ，偏微分方程式モデルで表される．同モデルを用いればシステム内の精密な解析を行えるが，複雑かつ大規模なシステムを解析するには膨大なシミュレーション時間と負荷を必要とするため，3.2 節で述べるハイブリッドシミュレーション手法が有用となる．

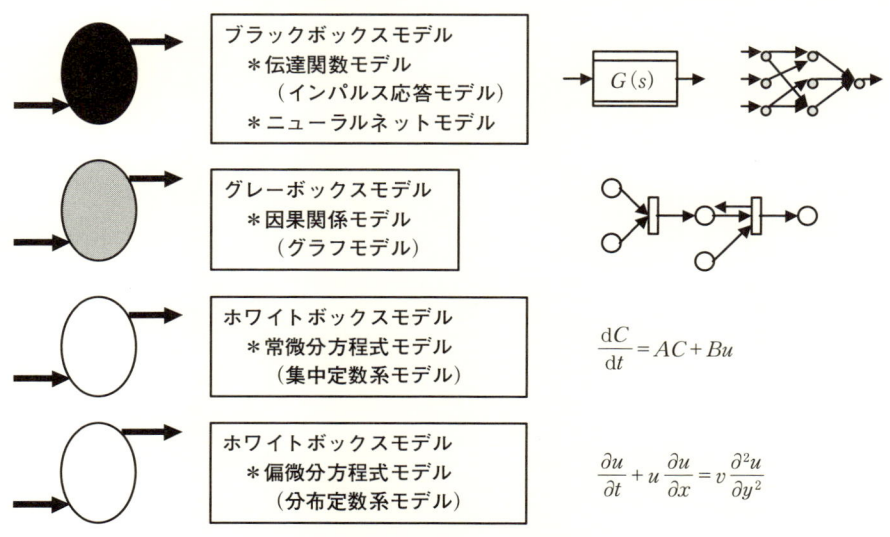

図 1.8　代表的モデルと分類の一例

1.4 システムの構造モデルと解析

複雑で大規模なシステムを解析するためには，全体システムをいくつかのサブシステムに分解し，各部分問題の解析結果を統合化して全体問題の解析に結びつけることになるが，その統合化の際にサブシステムのつながりを表す構造モデルが必要になる．

システムの構造（structure）とは，システムを構成するユニット（サブシステム）間のつながり方を意味しており，図1.9のような化学プロセス（ハードシステム）を例にとれば，各単位装置を結ぶ配管系の構造に相当する．一方，システムの機能（ソフトシステム）に着目すれば，たとえば攪拌操作に関わる因子間の関係を表す図1.10のように，プロセス変数・因子間の関係がシステムの構造として表現される．

以上のようなシステムの構造をグラフ表現，ツリー表現，ネットワーク表現，ルール式，行列などを用いて表現したものが構造モデル（structural model）である．構造モデルを数式

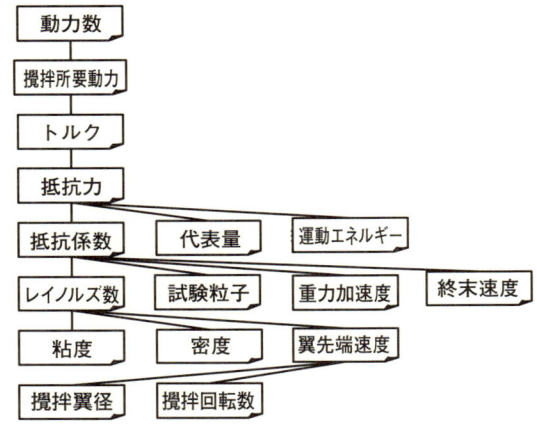

図1.10　攪拌操作に関わる因子関係の構造

化することにより（たとえば行列表現），コンピュータシミュレーションも可能となり，システムの機能や挙動も解析することができて，プロセスシステムの合成を試みるにあたり，概念設計の段階での構造解析に有効である[5]．

1.4.1　グラフと行列を用いたシステム構造の表現

構造モデルでは，図1.11に示すようにグラフで表現することが多い．同図で○印はシステムのユニットを表し，矢印はユニットのつながり

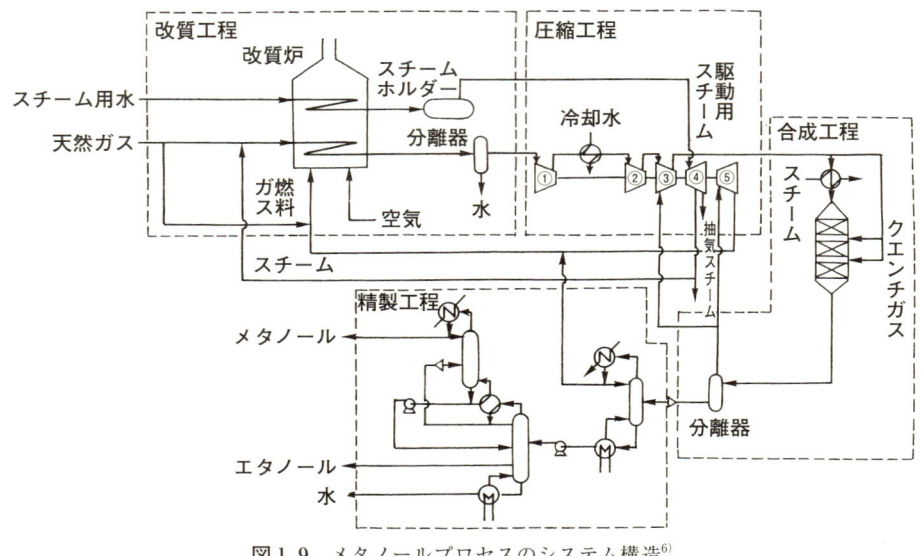

図1.9　メタノールプロセスのシステム構造[6]

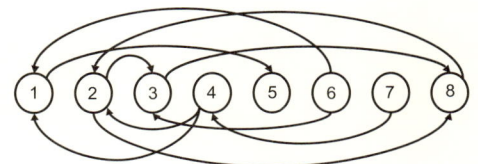

図 1.11 構造モデルのグラフ表現

	1	2	3	4	5	6	7	8
1	1	0	0	0	1	0	0	0
2	0	1	1	0	0	0	0	1
3	0	0	1	0	0	0	0	1
4	1	1	0	1	0	0	0	0
5	0	0	0	0	1	0	0	0
6	1	0	1	0	0	1	0	0
7	0	0	0	1	0	0	1	0
8	0	1	0	0	0	0	0	1

図 1.12 構造モデルの行列表現（隣接行列）

方を表しており，有向グラフ（directed graph）と呼ばれる．つながり方が方向性をもたないときには，矢印の代わりに直線で結び無向グラフ（non-directed graph）と呼ばれる．

同図でユニット間に一循環するパスが存在する部分を強連結グラフ（strongly connected graph）と呼ぶ．化学プロセスでいえば図1.9中にもみられるようなフィードバックパスに相当しており，プロセスシステムの設計に際して重視しなければならないシステム構造である．

グラフによる表現は直感的に理解しやすいが，数学的処理あるいはコンピュータシミュレーションを行うには，図1.12に示すような行列表現が便利である．同行列においては，行値と列値に相当するユニット間に図1.11で矢印があれば1，なければ0が行列要素値となっている．このような行列を隣接行列（adjacent matrix）と呼ぶ．

1.4.2 構造モデリング手法を用いた階層化と縮約

行列を用いたシステム理論による構造モデリング手法の一つにInterpretive Structural Modeling（ISM）手法がある．同手法では，グラフ理論に基づきユニット間の連鎖を系統的に定め，行列による数学的処理により，階層構造をなす有向グラフのスケルトン（骨組み）や強連結構造を図示することができる．元の行列をみやすい三角行列に変えてスケルトンを見出す操作を階層化と呼び，強連結の部分をまとめて三角行列中に明示させる操作を縮約と呼ぶ．

前項の図1.12で示したような隣接行列をAとする．行列Aを次のブール演算に基づいて何度か掛け合わせていくと，行列の要素値が変化しなくなる．この不変の行列Rを可達行列（reachability matrix）と呼び，図1.13に示す．

ブール演算：

$0+0=0, \quad 1+0=1, \quad 0+1=1, \quad 1+1=1$

$0\times 0=0, \quad 1\times 0=0, \quad 0\times 1=0, \quad 1\times 1=1 \quad (1.1)$

可達行列：

$$A \neq A^2 \neq \cdots\cdots \neq A^n = A^{n+1} \equiv R \quad (1.2)$$

行列A中では要素値0であった箇所が，行列R中では要素値1に変わっている箇所（*を付記）がある．これは直接的にはつながっていないユニットが，ほかのユニットを介して間接的につながっていることを示している．このように，ISMによりシステム内に潜む間接的なつながりを見出し，ユニット間の複雑な関係を整理することができる．

	1	2	3	4	5	6	7	8
1	1	0	0	0	1	0	0	0
2	0	1	1	0	0	0	0	1
3	0	1*	1	0	0	0	0	1
4	1	1	1*	1	1*	0	0	1*
5	0	0	0	0	1	0	0	0
6	1	1*	1	0	1*	1	0	1*
7	1*	1*	1*	1	1*	0	1	1*
8	0	1	1*	0	0	0	0	1

図 1.13 構造モデルの可達行列表現

行列 R 中には，要素値 1 が一つしかない行（対角要素値が 1），あるいは要素値 1 がすべてに入っている列が存在するが，この行値あるいは列値に相当するユニットは，システム内で出口（下流側）に位置している．このような出口側のユニットから順に取り外し，行列を小さくしながら（システムを小さくしながら），取り外し順にユニットを並べ変えて作り直した行列が図 1.14 である．

図 1.14 のように三角行列化（階層化）し，対角線周囲の直接的つながりの要素値 1 だけを矢印として表してグラフ化したものが図 1.14 右側のスケルトン（図）である．システム構造の骨格部分を表現したもので，複雑なシステム中の主要なつながり方を見出すことができる．一方，図 1.14 の行列中で，対角線から右上に飛び出した要素値 1 を含む四角部分は，縮約されたユニット間の強連結を表現したもので，複雑なシステム中の一循環するパスを見出すことができる．以上のような行列を用いた階層化と縮約の操作によって，複雑なシステム構造を見やすく整理することが可能になる．

1.4.3 強連結の切断

化学プロセスによくみられるフィードバック構造（図 1.9 で示すようなプロセスシステムの下流側から大きなパスで上流側に物質，エネルギーなどを戻す構造）があると，フィードバックシステム内全体が大きな強連結構造となり，その内部の構造を解析できなくなる．このような場合には，その大きなパスを切断（上記の隣接行列上で，要素値 1 を要素値 0 に置き換える）して，構造解析を行うことが必要である．複雑なシステムにおいて，このような大きなパスの存在箇所を特定する手法の一つにボトルネック法がある[7]．

ボトルネック法では，まず最初にユニット i からユニット j への最短経路（通過する直接的つながりの数が最少の経路）を探索し，この探索をすべてのユニット対において行う．次に，任意の直接的つながり（矢印）に注目し，上記のすべての最短経路のうちでそのつながりを通過する回数を数える．この数が多ければ多いほど，そのつながりはボトルネックの大きなパス，すなわちシステム内で遠く離れたユニットを一気につないでしまうフィードバックあるいはフィードフォワードのパスになっていると考え

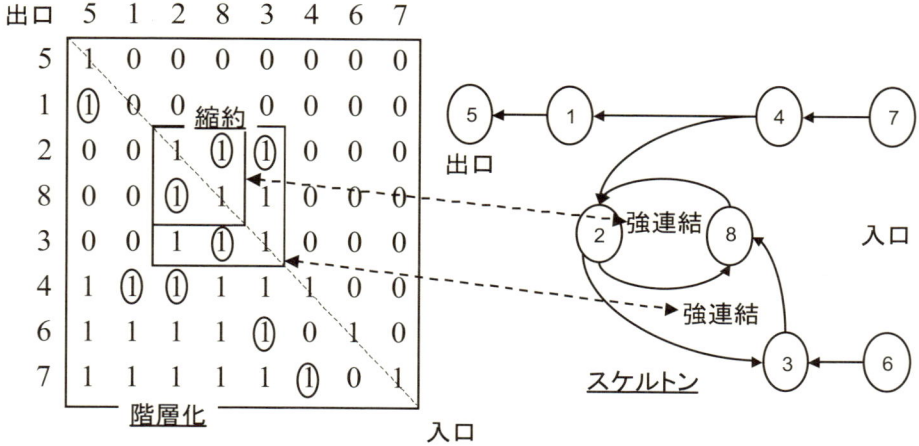

図 1.14　階層化・縮約とスケルトン・強連結

られる．この大きなパスを切断すれば，大きな強連結構造を消すことができて，内部の詳細な構造解析を行うことができるようになる．

1.5 システムの評価と最適化

システム工学は，問題解決のために合目的的にシステムを創造する方法論であり，無数の解答の中から最良のものを得るための問題解決学でもある．そのため，図1.7でも示したように評価と最適化の手法は，モデリング手法とともにシステム工学の重要な手法となっている．

1.5.1 評価と意思決定

評価（evaluation）は，価値を何らかの基準に照らして判断することであり，人間の行動を他人あるいは社会に納得させるための手段である．評価の目的には，設計のための最適化，意思決定のための支援，決定行動の説明，問題の分析などがある．

意思決定問題（decision making problem）には，
1) 最適意思決定問題（optimal decision making problem）：意思決定者が一人で，選好関係や評価結果が定量的に表現され，数理計画問題として解決される．時間的変化を考える場合には，動的最適意思決定問題と呼ばれる
2) ゲーム的意思決定問題（game decision making problem）：複数の意思決定者が互いに異なる選好関係をもちながら，協調して意思決定を行う．定量的に扱う場合には，ゲーム理論（theory of games）が有用である

の代表的問題がある．技術的評価や経済的評価が重要なプロセスシステムに関わる多くの問題は最適意思決定問題として取り扱うことができるが，信頼性・安全性などの社会的評価が重視されるようになると，ゲーム的意思決定問題として取り扱うことも考えなければならない．このほかにも，チーム的意思決定問題や不確実性を伴う意思決定問題などがある．

1.5.2 化学プロセスにおける評価

新しい化学プロセスを開発するに際して，1.2.2項でも述べたようにプロセス機能の評価項目・基準を設定することが重要である．図1.15にプロセス開発のための階層的評価項目一覧の概要を示す．同図のように多数の評価項目が階層的な構造に整理されており，プロセス開発の可能性を評価するには，後述する総合評価手法が必須であることがわかる．

図1.16に化学製品の総原価を決める（原価を総合評価する）ための原価構成要素（原価評価要素）の一例を示す．プロセス開発の評価と同様に，評価項目が階層的な構造に整理される．

図1.17に化学品製造，販売に関連する法規則一覧を示す．これらの法規則は図1.15に示した社会的評価項目に基づく評価の際に重要な基準の一つとなる．

1.5.3 重み付け総合評価手法と階層化意思決定法

1.5.2項でも述べたように複雑なシステムの評価に際しては，多数の評価項目が階層的な構造に整理されており，それらを総合して一つの評価尺度にする総合評価手法が必要である[5]．

評価項目構造の同一階層にn個の評価項目があるとして，それらの各評価値を$e_1, e_2, \cdots, e_n$とする．各評価値の単位が異なり，またとる値の範囲がまちまちであることを考えると，それらを総合して一つの評価尺度として定めるには，各評価値を各基準値e_{is}で割って規格化し

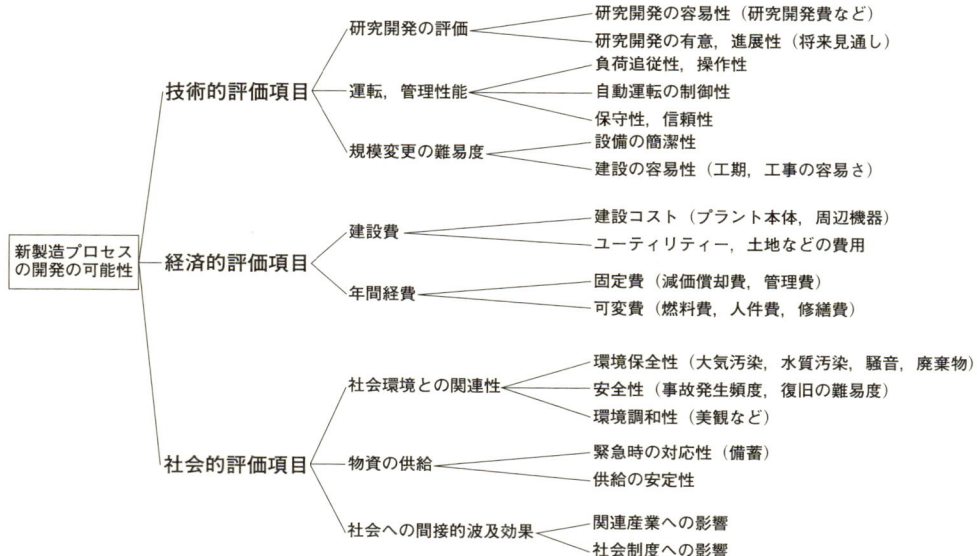

図 1.15 プロセス開発のための階層的評価項目一覧の概要

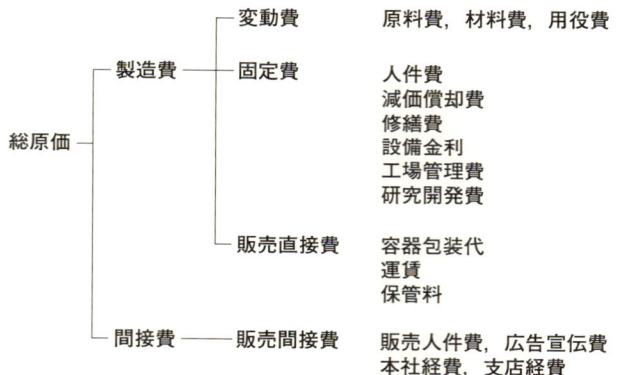

図 1.16 化学製品の原価構成要素の一例[8]

- 製品関連の法規則
  ・製造物責任法
  ・毒物及び劇物取締法
  ・薬事法
  ・食品衛生法　など
- 製造設備関連の法規則
  ・工場立地法
  ・消防法
  ・労働安全衛生法
  ・高圧ガス保安法　など
- 安全性・環境保全関連の法規則
  ・労働安全衛生法
  ・水質汚濁防止法　大気汚染防止法
  ・化審法（化学物質の審査及び製造等の規則に関する法律）　など

図 1.17 化学品製造, 販売に関わる法規則一覧（文献 8）を一部改変）

ておく必要がある．また各評価項目の重要性は異なるため，総合評価尺度 E を求めるには，上記の規格化された評価値にそれぞれの重み w_i を掛け合わせてから処理することになる．このような重み付け総合評価手法としては，次の二つの手法が代表的なものである．

1) 加重平均法：$E = \sum_{i=1}^{n} \dfrac{w_i e_i}{e_{is}} \quad \left(\sum_{i=1}^{n} w_i = 1\right)$ (1.3)

2) 加重乗積法：$E = \prod_{i=1}^{n} \left(\dfrac{e_i}{e_{is}}\right)^{w_i} \quad \left(\sum_{i=1}^{n} w_i = 1\right)$ (1.4)

加重平均法の処理は簡潔な線形処理であるのに対して，加重乗積法の処理は非線形処理となり，重要性の高い不可欠の評価項目の評価値への依存を支配的にする評価に適している手法である．

どちらの手法を選択するにせよ，意思決定においては重み w_i を適切かつ合理的に決める必要があり，そのための有力な手法として階層化意思決定法（Analytic Hierarchy Process；AHP）がある[9]．同法は多数の評価項目を考慮しなければならないときに「評価項目の重み w_i の比」に注目し，各 w_i 間の一対比較をもとに，全体として整合性のとれた重み w_i ベクトルを決定する手法である．

n 個の評価項目の重みベクトルを $\mathbf{w} = [w_1, w_2, \cdots\cdots, w_n]$ として，各評価項目間の重要性の一対比較値を c_{ij} とすると，c_{ij} を要素値とする一対比較行列 C は次のようになる．

一対比較値： $c_{ij} = \dfrac{w_i}{w_j}$ (1.5)

一対比較行列： $C = \begin{bmatrix} c_{11} & c_{12} & \cdots & c_{1n} \\ c_{21} & c_{22} & \cdots & c_{2n} \\ \vdots & \vdots & & \vdots \\ c_{n1} & c_{n2} & \cdots & c_{nn} \end{bmatrix}$ (1.6)

そして，上記の重みベクトルと一対比較行列の間には次の関係が成立している．上付きの T は転置ベクトルを表す．

$$C\mathbf{w}^{\mathrm{T}} = n\mathbf{w}^{\mathrm{T}} \quad (1.7)$$

この関係から，重みベクトルが一対比較行列の固有ベクトルであり，n が一対比較行列の最大固有値であることがわかる．すなわち，多数の評価項目の重みを直接決定することが難しいことを考慮し，決定が容易な一対比較値をもとに「一対比較行列の固有ベクトル」として合理的に重みを算出する手法である．一対比較行列自体の整合性の検討も必要となるが，この詳細については他書[9]を参照してほしい．

1.5.4　最適化の概要

最適化（optimization）の手法については次章でも述べるため，ここでは最適化の概要と重要点の説明にとどめる．

現象を定量的に理解できてモデルを作れると，1.3.2項の図 1.7 に示したように，それらを利用して計画，設計，運用に結びつけることができる．しかし，決定した結果が最良の解である保証はなく，モデルの修正を行う最適化の繰り返し作業が必要となる．この最適化作業を数学的に行う手法が最適化法（optimization method）あるいは数理計画法（mathematical programming）である．一方，最良とはいえないまでも機能を十分に達成できるシステムを好適システム（suitable system）と呼び，広義の最適システムと捉えることもある．

最適化問題は，システムの機能や性能を目的関数（objective function）$z = f(\mathbf{x})$ で定量的に表現し，種々の制約条件（constraints）$g_j(\mathbf{x})$ のもとで目的関数を最大または最小にするようなシステム（設計）変数（system (design) variables）$\mathbf{x}$ の値を決定するものであり，そのうちで設計者が操作できる変数のことを操作変数もしくは

制御変数 (control variables) と呼ぶ．システム変数 **x** はベクトルであり，最適化問題の数学的表現は，たとえば

システム変数： $\mathbf{x} = [x_1, x_2, \cdots, x_n]$ (1.8)

制約条件： $g_j(\mathbf{x}) \leq 0 \quad (j = 1, 2, \cdots, m)$ (1.9)

目的関数： $z = f(\mathbf{x})$ (1.10)

となり，制約条件式には等号の場合も含まれている．不等号制約式にスラック変数 (slack variables) を加えて等号制約式に変形することもできる．**x** の値の制限を側面制約と呼ぶこともある．目的関数が複数存在する場合，多目的最適化問題と呼ぶ．最適化問題の解を最適解 (optimal solution) と呼ぶ．

最適化法は，線形計画法，非線形計画法，組合せ最適化法，動的最適化法などに分類できる．この分類は上記の **x**，$g_j(\mathbf{x})$，$z = f(\mathbf{x})$ の性質の差異に基づいてなされている．線形計画法は g や f が線形関数の最適化問題であり，代表的な手法がシンプレックス法である．非線形計画法は g や f が非線形関数の最適化問題であり，最急降下法などの勾配法が代表的なものである．組合せ最適化法では，代表的な整数計画法にみられるように **x** や z が整数に制約されることが多い．動的最適化法は **x** に時間変数が含まれる最適化問題であり，代表的な手法が変分法である．複雑な化学プロセスの最適化には非線形計画法を用いることが多いが，その際，図1.18に示すような局所最適値 (local optimum) と大域的最適値 (global optimum) の存在に注意しなくてはならない．

図1.18で目的関数の値は等高線で示されており，制約条件で囲われた部分に目的関数の極値が複数存在（多峰性）している．そのうちの

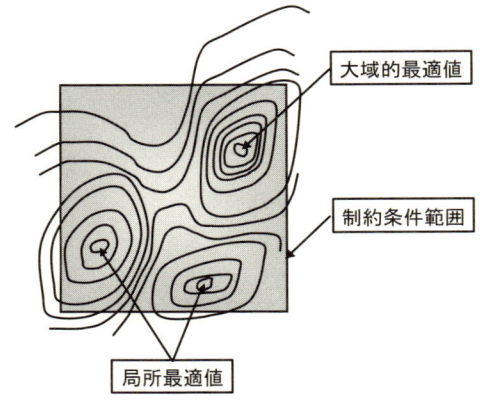

図1.18　局所最適値と大域的最適値の存在

一つの極値が大域的最適値であり，ほかは局所最適値である．非線形計画法による最適値の探索に際して，局所最適値に陥らない工夫が必要である．

最適化問題の解法については，2.7節で述べる．

文　献

1) 渡辺　茂 (1974)：システムとはなにか，pp. i-ii，共立出版．
2) 市川惇信 (1969)："プロセスの形成とプロセスシステム工学的接近"，化学工学，**33**(3), 216-223．
3) 松原正一 (1970)：プロセスシステム工学，pp. 3-17，朝倉書店．
4) 松山久義，橋本伊織，西谷紘一，仲　勇治 (1992)：プロセスシステム工学，pp. 9-16，オーム社．
5) 赤木新介 (1992)：システム工学，5章，6章，8章，共立出版．
6) 仲　勇治，梶内俊夫，川崎順二郎，小川浩平 (1989)：パソコンで学ぶ化学プロセス，3章，朝倉書店．
7) 寺野寿郎 (1985)：システム工学入門，pp. 152-157，共立出版．
8) 高塚　透，武藤恒久，田口貴士 (1996)：試験管からプラントまで，2章，培風館．
9) 刀根　薫 (1986)：ゲーム感覚意思決定法—AHP入門—，日科技連出版社．

2

システム解析の基礎的手法

第2章の記号一覧

a, b, c, d	パラメータ		r	半径
A, B	行列または集合		r_n	個体の増加率
C	相関積分		R	相互スペクトル密度関数
D	次元		S	パワースペクトル密度関数
D_2	相関次元		t	時間
e	誤差		T	サンプリング周期
f, F	関数		u	入力
F_t, G_t, H_t	係数行列		U	全体集合
g	信号または関数		$U(s)$	入力のラプラス変換
$G(s)$	伝達関数		V	分散行列
h	信号		$\mathbf{W}$	観測ノイズベクトル
H	ヘッセ行列		x	状態変数
$\mathcal{H}$	ヘビサイド関数		$\mathbf{x}$	状態ベクトル
i, k	サンプリング時点		y	出力
J	評価関数		$\mathbf{y}$	観測ベクトル
k_r	密度効果		α	適合度
k_t	カルマンゲイン		ε	予測誤差
L	リアプノフ指数		η	調整パラメータ
M	個体数		λ	未定数
N	データの個数		λ_i	固有値
p, ℓ, m	モデルの次数		μ	メンバーシップ関数
p	分布		σ	標準偏差
P	命題, 前提		τ	時間
q	シフトオペレータ		ϕ	自己相関関数
Q	命題, 帰結		Φ	黄金分割比
Q_t, R_t	分散		ψ	相互相関関数

　システムを解析するためには，対象システムを何らかの形のモデルで表現する必要がある．本章では，まず，いくつかの視点からモデルを分類し，それぞれのモデルに特徴的な表現手法について述べる．その後，いくつかの形式のモデルを使った具体的なシミュレーションや最適化の手法について述べる．手法の分類は絶対的なものではなく，あくまでもさまざまな手法に

2.1 連続モデルと離散モデル

多くの自然現象は連続的な変化をしており，（連続）時間 t を用いた連続時間システム（continuous time system）として表現される．その動特性（dynamics）を表現する典型的なモデルは，入力も出力も1変数のもっとも単純な場合には次式のような常微分方程式（ordinary differential equation）である．

$$\frac{dy}{dt} = f(y, u, t) \qquad (2.1)$$

ここで，y はシステムの出力，u は入力である．したがって，初期条件（たとえば $t=0$ における y の値など）を与えて常微分方程式を解けば，変数の値の時間的な変化が求められることになる．この形式のモデルは，多くの場合，システムに関する物理法則などから導出することができる．多変数の変化を扱う場合には入力や出力の変数がベクトルとなった連立常微分方程式系となるだけであり，基本的には同様のモデルが使われる[1,2]．

特に，線形な微分方程式系を取り扱うためには，ラプラス変換（Laplace transform）を導入すると代数方程式系となるため解析が便利になる．システムの入力と出力をそれぞれラプラス変換したものを $U(s)$，$Y(s)$ と表すと，次の形式のモデル表現がよく用いられる．

$$Y(s) = G(s)U(s) \qquad (2.2)$$

ここで，$G(s)$ は伝達関数（transfer function）であり，初期値を0とした場合の入力と出力の比を表している．この表現を用いることによって，システムの構造や応答特性などを容易に調べることができるようになる．この形式のモデルの取扱いについては，本書ではこれ以上は立ち入らないが，プロセス制御の教科書などに詳しく述べられている[3]．

一方，コンピュータによる測定はサンプリング間隔ごとであり，時間的に連続な変化をサンプリング時間ごとに切り取った離散的な時系列として取り扱うこととなる．このような時系列は，離散時間システム（discrete time system）によって表現されることとなる．各サンプル時点を i とすると，たとえば，以下のようなモデルによって過去の入出力信号の値からその時点の出力が表現されることとなる．

$$y(i) = f(y(i-1), y(i-2), \cdots, u(i), u(i-1), \cdots) \qquad (2.3)$$

この形式のモデルについては，2.3節においてやや詳しく述べることとする．

(2.1) 式のような微分方程式で表現された連続時間システムを離散時間システムで近似するためには，時間軸のサンプリング周期 T による離散化が必要となる．連続時間システムの出力はサンプル時点の途中の入力の値にも依存するため，離散化したシステムは連続時間システムを忠実に再現できるわけではない．そのため，目的に応じてさまざまな離散化の方法が考案されている．以下に，代表的な変換手法のいくつかを示す[4,5]．

a. ホールド等価近似

サンプリング時点のデータ（瞬間値）を，次のサンプリング時点までそのまま保持（hold）することによって離散化する方法を0次ホールド等価近似（zero-order hold equivalent approximation）と呼ぶ．連続時間信号のサンプル値 $g(kT)$ を離散時間近似した信号 $h(t)$ の挙動を考える．kT と $kT+T$ の間の区間を考えると，0次ホールドは次式の階段状の関数で表現できる．

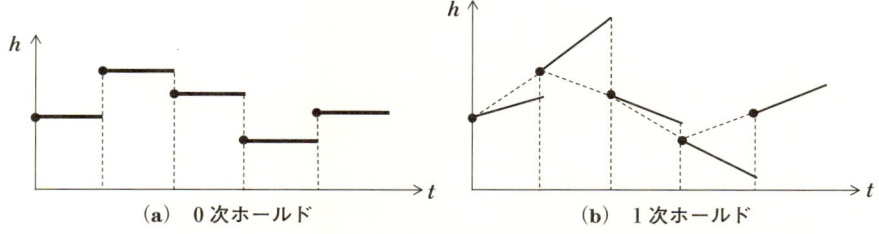

図 2.1 ホールド等価近似

$$h(kT+\tau) = g(kT) \quad (0 \leq \tau < T) \quad (2.4)$$

この様子を図示したものが，図 2.1(a) である．各サンプリング時点でのサンプル値が黒丸であり，その後，次のサンプリングまでその値をそのまま保持するといった動作を繰り返していくこととなる．近似モデルのステップ応答が原信号のステップ応答と一致し，電子回路などでも実現しやすいためもあって，実システムではもっともよく用いられている離散化近似である．

さらに，$t=(k-1)T$ においてもホールド要素の入出力を一致させると，次式で表現される区分的に線形な直線となる．この方法による離散化を 1 次ホールドと呼ぶ．その様子を図示すると，図 2.1(b) のようになる．

$$h(kT+\tau) = g(kT) + \frac{g(kT)-g(kT-T)}{T}\tau$$
$$(0 \leq \tau < T) \quad (2.5)$$

b．インパルス不変近似

サンプリング間隔ごとのサンプル値と一致するようなインパルス列を生成するように離散化する方法をインパルス不変近似 (impulse invariant

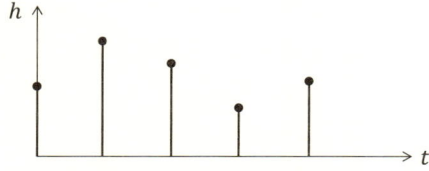

図 2.2 インパルス不変近似

approximation) と呼ぶ．その様子を図示すると，図 2.2 のようになる．この方法で近似したモデルのインパルス応答は，原信号のインパルス応答と一致する．

$$h(kT+\tau) = \begin{cases} g(kT) & \text{if} \quad \tau=0 \\ 0 & \text{if} \quad 0<\tau<T \end{cases} \quad (2.6)$$

c．数値積分による近似

微分方程式 $\mathrm{d}h(t)/\mathrm{d}t = f(t)$ を解くと

$$h(kT+\tau) = h(kT) + \int_{kT}^{kT+\tau} f(t')\mathrm{d}t' \quad (2.7)$$

となる．右辺第 2 項の積分の kT から $kT+T$ までを図 2.3(a) のように矩形近似すると図の斜線で示すように $Tf(kT+T)$ となる．したがって，この値を使うと次式で離散化近似を表現できることになる．

$$h(kT+\tau) = g(kT) + \tau f(kT+T) \quad (0 \leq \tau < T) \quad (2.8)$$

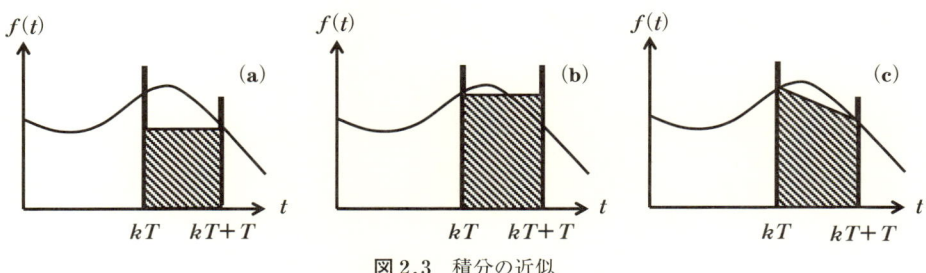

図 2.3 積分の近似

この近似を後進差分近似（backward difference approximation）と呼ぶ．また，積分を図2.3(b)のような矩形で近似することも可能であり，その場合，(2.8)式の右辺第2項を $\tau f(kT)$ に置き換えた式が離散化近似を表していることとなる．これを前進差分近似（forward difference approximation）と呼ぶ．

同様にして，積分を図2.3(c)のように台形近似に置き換えると，次の双一次近似（bilinear approximation；Tustin近似とも呼ばれる）が導かれる．

$$h(kT+\tau) = g(kT) + \frac{\tau}{2}\{f(kT+T) + f(kT)\}$$
$$(0 \leq \tau < T) \quad (2.9)$$

これらの離散化近似の様子を，微係数とともに図示すると図2.4および図2.5のようになる．

一般に，離散化する際のサンプリング周期（サンプリング周波数の逆数）の決定においては，次のサンプリング定理（sampling theorem）が重要である．

「サンプリングしたデータから原信号が再生できるためには，少なくとも原信号のもつ最大周波数の2倍以上の周波数でサンプリングする必要がある．」

原信号の2倍より低い周波数でサンプリングした場合には，元の周波数をもった信号を再現することができず，折り返しひずみによって実際には存在しない低い周波数の成分が現れてしまう．このような現象をエイリアシング（aliasing）と呼ぶ．たとえば，図2.6の実線で示される原信号を，原信号の周波数より低い丸印の時点のみでサンプリングしたとすると，これらのサンプリング点だけからは原信号は再現できず，点線のような周期信号が見掛け上現れてしまうことになる．

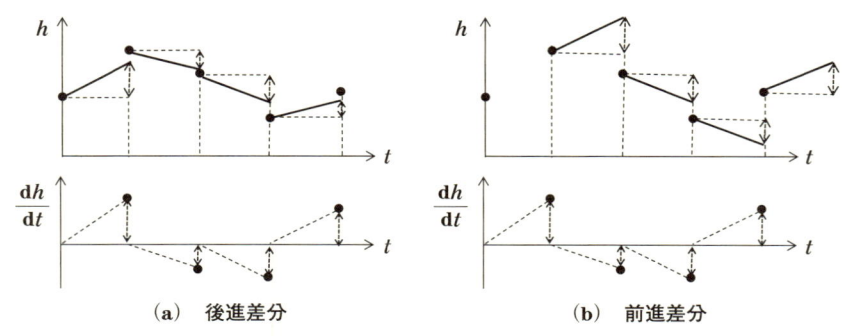

図2.4　後進差分近似と前進差分近似

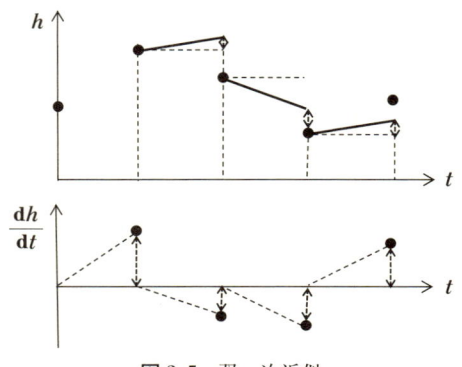

図2.5　双一次近似

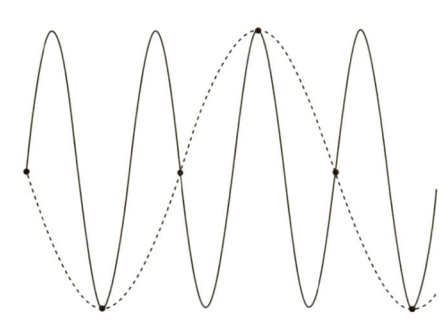

図2.6　エイリアシング

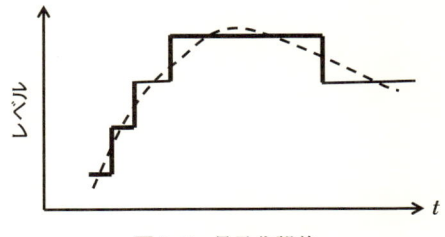

図 2.7 量子化誤差

なお，コンピュータによる測定値は，A/D変換器などで値そのものも離散化されていることに注意が必要である．この離散化によって，量子化誤差と呼ばれる誤差が発生する．たとえば，8 bit で 0〜5 V を表現しようとすれば，5/256 すなわち，およそ 0.02 V 以下の違いは区別できないことになる．その結果，図 2.7 の破線で示されたアナログの原信号は，レベル方向に量子化された図中の実線のようなディジタル信号として表現されることになる．分解能を上げるためには，ビット数を増やす必要がある．

本節では，主にサンプリング時間が一定の離散時間モデルについて述べたが，さらに一般的な離散システムの表現手法としては，事象駆動型（event-driven）のモデルがある．代表的なものとしては，たとえばペトリネット（Petri net）やオートマトン（automaton），マルコフモデル（Markov model）などが有名である．このうち，ペトリネットについては 3.3 節で解説する．

2.2 定量モデルと定性モデル

対象とする問題によっては，前節で述べた微分方程式に代表されるような定量的モデル（quantitative model）を立てることが困難な場合や，たとえモデルが立てられたとしてもそのモデルを解くことや解釈することが難しい場合も多い．そのような場合でも，対象に関する知識を何らかの定性的モデル（qualitative model）で記述できる場合や，定性的に解の挙動を解析できる場合は多く，さらに，定性的なモデルの方が本質を的確に表現できる場合も少なくない．ここでいう定性的モデルには，さまざまなものがあるが，代表的なものとしては，たとえば，サブシステム間の関係をグラフや集合，階層構造などで表現するモデルや，原因と結果の因果関係を表現するモデル，変数のとりうる値を離散化（定性化）したモデルなどが挙げられる．

2.2.1 経時変化の定性的な記述と演算

ある一変数 x の経時変化のもっとも単純な定性表現は，その微係数の符号に着目して符号を表す記号（定性値；qualitative value）の時系列として表したものである．

$$\partial x = \begin{cases} [+] & \text{for } \dfrac{dx}{dt} > 0 \\ [0] & \text{for } \dfrac{dx}{dt} = 0 \\ [-] & \text{for } \dfrac{dx}{dt} < 0 \end{cases} \quad (2.10)$$

図示すると図 2.8 のようになり，x の値の増加，保持，減少のそれぞれに対応した定性的な経時変化を表現していることになる．この表現は，一定時間ごとのサンプリングデータであれば，各サンプル間の差の符号の記号列となる．実際には，ある閾値（threshold）を設定して，それより大きいか小さいかによって，どの定性値をとるかを決めることになる[6]．

ここで，定性値間の演算を考える．明らかに，$[x]=[+]$，$[y]=[+]$ ならば，$[x+y]=[+]$ であるが，$[x]=[+]$，$[y]=[-]$ の場合は $[x+y]$ の定性値は三つの定性値のいずれもとりうるため不明となる．このような記号間の演算は単純な表として定義することができ，こうし

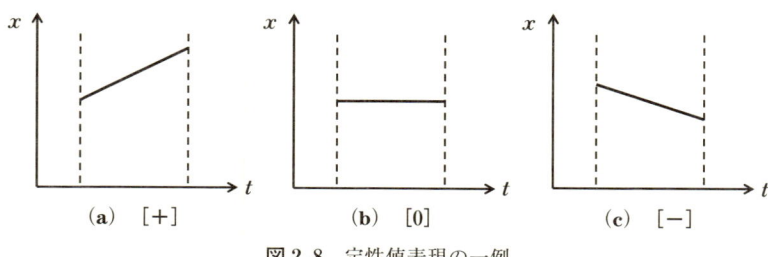

図 2.8 定性値表現の一例

た性質を利用して定性的な挙動予測を行う技術は定性シミュレーション (qualitative simulation) と呼ばれている[6]．定性シミュレーションによって，モデルやデータが不完全な場合に対しても対象のすべての可能な挙動が効率的に把握できる場合も多い．

2.2.2 微分方程式の解の大域的性質

代表的な定量モデルである微分方程式系について，その解の挙動を定性的に把握するための手法として特異点解析 (singular point analysis) が有効である[7]．

簡単のため，次式で定義される微分方程式系を考える．

$$\begin{cases} \dfrac{dx_1}{dt} = f_1(x_1, x_2) \\ \dfrac{dx_2}{dt} = f_2(x_1, x_2) \end{cases} \quad (2.11)$$

ここで，f_1, f_2 は，t を陽 (explicit) には含んでいない系，すなわち自律系 (autonomous system) とする．このとき，x_1-x_2 位相平面を考えると，初期条件は位相平面内の1点で表され，その点を初期条件とする解は，特異点[*1] (singular point) を除くとその初期条件の点から出発する曲線になり解の挙動を観察するのに便利である．動的システムの表現としてよく用いられる $\dot{x}$-x 平面は位相平面の特殊な場合である．一般

に，位相平面内特異点のまわりの挙動は，特異点のまわりで線形化した微分方程式系

$$\begin{cases} \dfrac{dx_1}{dt} = ax_1 + bx_2 \\ \dfrac{dx_2}{dt} = cx_1 + dx_2 \end{cases} \quad (2.12)$$

を考えると，次の固有値 λ_1, λ_2 の符号を調べることによって定性的に把握できる．以下では，固有値の種類や値によって，その特異点のまわりの解の挙動がどうなるかを結果のみ示す．なお，以下に示す解の挙動を表す図 2.9～2.11 および 2.13 は，さまざまな初期値から解が時間の経過とともにどのように動いていくかを描いたものであり，解軌跡 (locus) と呼ばれる．

$$\lambda_1, \lambda_2 = \frac{1}{2}\{(a+d) \pm \sqrt{(a+d)^2 - 4(ad-bc)}\}$$
$$(2.13)$$

1) 実数の場合

(ア) $\lambda_1 > 0, \lambda_2 > 0$ の場合：不安定結節点 (unstable node) となり，図 2.9(a) のように，時間 t の経過とともにこの点から離れていく

(イ) $\lambda_1 > 0, \lambda_2 < 0$ の場合：鞍部点 (saddle point) となり，図 2.9(b) のように，双曲線状に片方の軸上の無限遠方向へ離れていく

(ウ) $\lambda_1 < 0, \lambda_2 < 0$ の場合：安定結節点 (stable node) となり，図 2.9(c) のように解軌跡はこの点に収束していく

[*1] $f_1(x_1, x_2) = f_2(x_1, x_2) = 0$ を満たす点．平衡点ともいう．

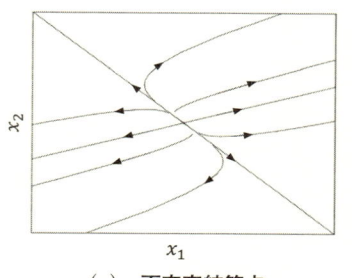 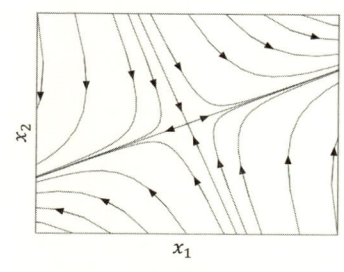 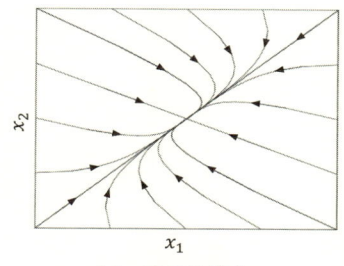

(a) 不安定結節点　　(b) 鞍部点　　(c) 安定結節点

図 2.9　結節点および鞍部点の例

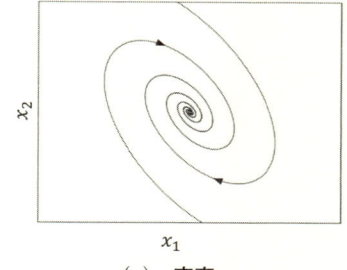 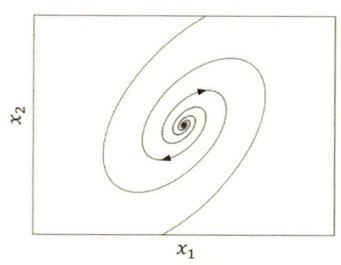

(a) 安定　　(b) 不安定

図 2.10　渦状点の例

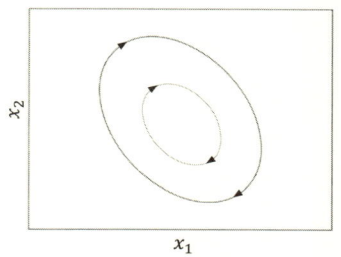

図 2.11　渦心点の例

2) 複素数の場合
   (ア) 実部が 0 でない場合，渦状点 (spiral) となる
   (イ) 実部が 0（すなわち純虚数）ならば渦心点 (center) となる

以上を分類すると，図 2.12 のように整理できる．

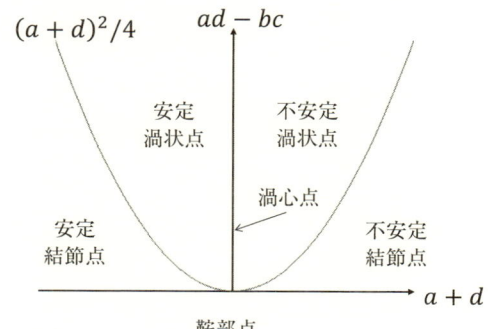

図 2.12　解挙動の分類

これらの性質を利用すれば，システムの特異点を求めて各特異点の種類がわかれば特異点まわりの定性的挙動がわかることになる．すなわち，初期値がどこにあればその後どのような挙動をとるかがわかることになり，システム全体についての大域的な性質を定性的に把握できることになる．一方，微分方程式を数値的に解いていく方法では，ある初期状態からシステムが時間的にどのように変化していくかしか計算できないため，システム全体の挙動を解析するためには，さまざまな初期状態を与え次々と計算をしていくことになってしまう．

次に，対象システムの微分方程式が非線形の場合について述べる．非線形微分方程式系の大域的な挙動を把握するためには，特異点の近傍の挙動だけでは表しきれないものもある．その代表的な例がリミットサイクル (limit cycle) で

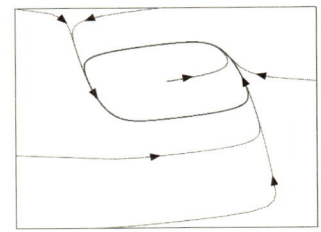

図 2.13 リミットサイクルの例

ある．その一例を図 2.13 に示す．この例は，以下の連立微分方程式の解挙動を示したものである．

$$\begin{cases} \dfrac{dx_1}{dt} = x_1 - x_1^3 - x_2 + 2 \\ \dfrac{dx_2}{dt} = 0.1(2 + x_1 - x_2) \end{cases} \quad (2.14)$$

図からもみてとれるように，リミットサイクルは，位相空間上の閉軌道となる周期解であり，初期値に関係なく現れる点に特徴がある．リミットサイクルの近傍の軌道がすべて引き込まれる場合を安定なリミットサイクルという．このようなリミットサイクルは自励振動（self excited oscillation）となり，物理的には非線形引き込み現象（entrainment phenomena）としても古くから知られていたものである．

動的システムの大域的性質を把握するためには，次のポアンカレ-ベンディクソンの定理（Poincaré-Bendixon theorem）も重要である．

「2 次元平面内のある領域で定義された連続微分方程式系において，有界閉部分領域の近傍から出発するすべての解がその内側に入ったまま出てくることがないとき，この系はその閉部分領域内に特異点かリミットサイクルをもつ．」

この定理によって，連続微分方程式系では 3 次元以上でなければいわゆるカオス的な挙動は現れないことが保証される．なお，カオス的な挙動の取扱いについては，2.5 節で述べる．

上述のように，リミットサイクルや特異点は，複雑な動的システムの特徴を把握したり，制御したりするために重要である．一般に，動的システムの十分時間が経った後の状態空間（2 変数であれば位相平面）内での漸近的な挙動をアトラクタ（attractor）と呼ぶ．特異点やリミットサイクルは代表的なアトラクタであるが，ほかにも，3 次元以上の場合に現れるストレンジアトラクタ（strange attractor）などがある．これらは，カオス理論の一部として詳細に研究されており，さまざまな性質が明らかにされている．

2.3 確率過程モデル

2.3.1 確率過程

自然現象の多くは，何らかの確率的変動要素を含んでいることが多い．そのような要素を含むシステムは，離散時刻 t とともに不規則に変動する確率過程（stochastic process）としてモデル化される．観測データを $\{y(t); t=1, 2, \cdots\}$，不規則入力を $\{e(t); t=1, 2, \cdots\}$ と表すと，一般に次式で表現される．

$$y(t) = f(t; y(t-1), y(t-2), \cdots, e(t), e(t-1), \cdots)$$
$$(2.15)$$

以下では，簡単のため，集合平均（ensemble mean）と時間平均（time mean）が一致するとし（エルゴード性；ergodic），さらに，平均と共分散が時刻 t によらず一定と仮定する（弱定常過程；weakly stationary）．入出力関係が線形な場合，以下の三つのモデルがよく用いられる[8,9]．

自己回帰（Auto Regressive；AR）モデル

$$y(t) = -\sum_{i=1}^{l} a_i y(t-i) + e(t) \quad (2.16)$$

移動平均（Moving Average；MA）モデル

$$y(t) = e(t) + \sum_{i=1}^{m} b_i e(t-i) \quad (2.17)$$

自己回帰・移動平均（ARMA）モデル

$$y(t) + \sum_{i=1}^{l} a_i y(t-i) = e(t) + \sum_{i=1}^{m} b_i e(t-i) \quad (2.18)$$

さらに，時間差分をとった値がARMAモデルとなる場合を，ARIMA（Auto-Regressive Integrated Moving Average）モデルと呼ぶ．ここで，$e(t)$は平均値0，分散σ^2の独立な正規白色ノイズ（normal white noise）である．また，lやmをモデルの次数と呼ぶ．

これらのモデルは，パラメータの値によっては定常過程になるとは限らず，それぞれ，安定条件を満たす範囲にパラメータがおさまっている必要がある．

2.3.2 自己相関関数とパワースペクトル

確率過程$\{y(t)\}$の自己相関関数（auto-correlation function）は次式で定義される．

$$\phi(\tau) = \lim_{T \to \infty} \frac{1}{T} \int_{-\frac{T}{2}}^{\frac{T}{2}} y(t) y(t+\tau) dt \quad (2.19)$$

ここで，τはラグ（lag）と呼ばれる．τが0のとき，自己相関関数は分散（variance）と一致する．自己相関関数には以下のような性質がある．

偶関数：$\phi(\tau) = \phi(-\tau)$

周期性：$y(t) = y(t+T)$のとき
$$\phi(\tau) = \phi(\tau+T)$$

$y(t)$の各周波数ωにおけるパワーの分布を表すパワースペクトル密度関数（power spectral density function）は，ウィーナー–ヒンチンの定理（Wiener-Khintchin's theorem）より，次式で表される．

$$S(\omega) = \int_{-\infty}^{\infty} \phi(\tau) e^{-j\omega\tau} d\tau \quad (2.20)$$

離散時間不規則信号についても，同様にしてパワースペクトル密度関数が定義される．実際には有限個のデータからスペクトル推定を行うこととなる．スペクトルの推定は，上の関係式を用いて，自己相関関数の推定値から推定する方法や，ペリオドグラム法などが用いられる．

二つの確率過程$\{y_1(t)\}$と$\{y_2(t)\}$との間の相関関数を相互相関関数（cross-correlation function）と呼ぶ．

$$\psi(\tau) = \lim_{T \to \infty} \frac{1}{T} \int_{-\frac{T}{2}}^{\frac{T}{2}} y_1(t) y_2(t+\tau) dt \quad (2.21)$$

また，相互スペクトル密度関数$R(\omega)$は次式で定義される．

$$R(\omega) = \int_{-\infty}^{\infty} \psi(\tau) e^{-j\omega\tau} d\tau \quad (2.22)$$

すべてのτに対して$\psi(\tau) = 0$のとき，$y_1(t)$と$y_2(t)$は無相関であるという．

次に，いくつかの確率過程の例を，それぞれの自己相関関数やパワースペクトル密度関数とともに示す．

a. 白色ノイズ

平均値0，標準偏差1の疑似正規乱数を生成し，その最初の200点を図2.14にプロットした．

また，その自己相関関数とパワースペクトル密度関数の推定値を求め，図2.15，2.16にプロットした．自己相関関数はすぐに0に近い値となり，スペクトルは，ほぼ平坦である．

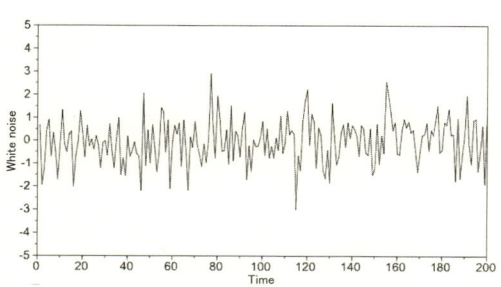

図2.14 疑似正規乱数（白色ノイズ）の例

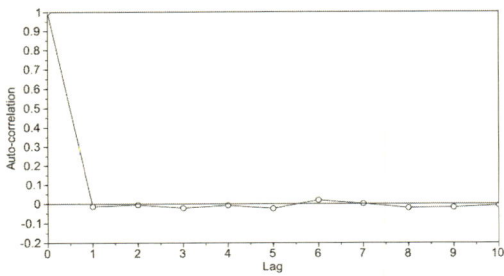

図 2.15　白色ノイズの自己相関関数推定例

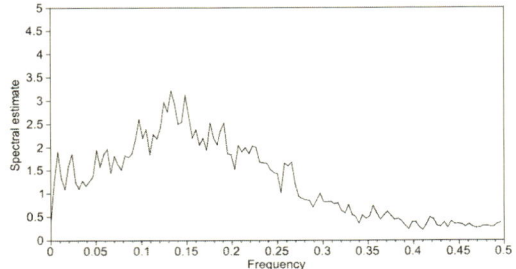

図 2.19　AR 過程のパワースペクトル推定例

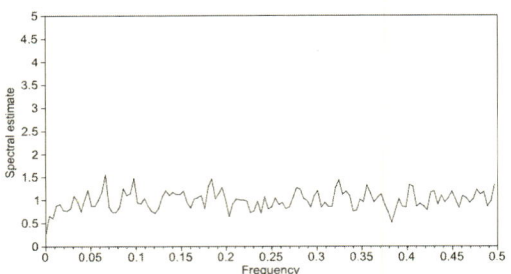

図 2.16　白色ノイズのスペクトル推定例

b.　AR 過 程

AR 過程の例として，次式をシミュレートした結果を図 2.17 に示した．

$$y(t) - 0.5y(t-1) + 0.3y(t-2) = e(t) \tag{2.23}$$

自己相関関数とスペクトルを求めた結果は図 2.18 と図 2.19 である．自己相関関数は，ラグが 2 のあたりで一度負に振れ，5 以降はほぼ 0 となっている．スペクトルは，0.15 付近になだらかなピークがある．

c.　ARMA 過程

ARMA 過程の例として，次式をシミュレートした結果を図 2.20 に示した．

$$y(t) - 0.5y(t-1) + 0.3y(t-2) = e(t) + 0.5e(t-1) \tag{2.24}$$

自己相関関数とスペクトルを求めた結果は図 2.21 と図 2.22 である．自己相関関数は，ラグが 5 以降はほぼ 0 となっている．スペクトルは，0.2 より低い周波数領域になだらかなピークが

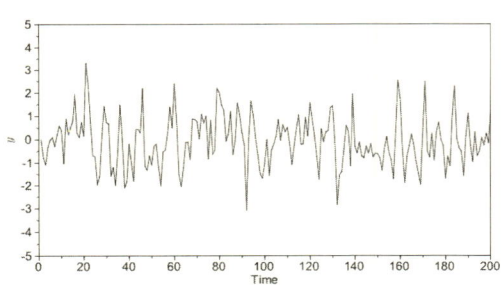

図 2.17　AR 過程の例

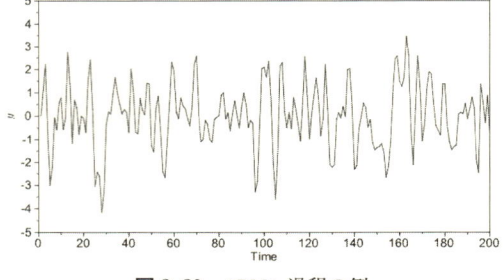

図 2.20　ARMA 過程の例

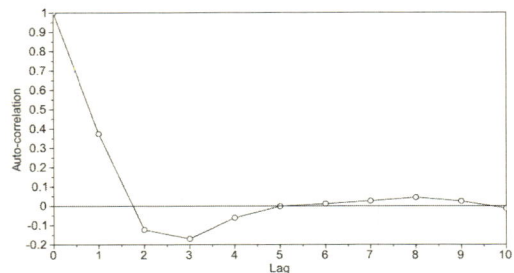

図 2.18　AR 過程の自己相関関数推定例

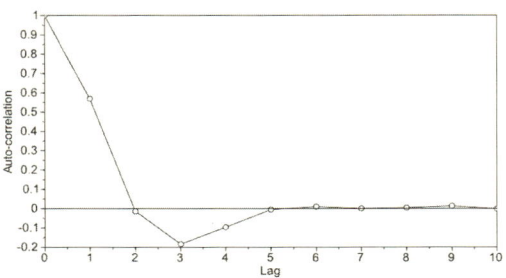

図 2.21　ARMA 過程の自己相関関数推定例

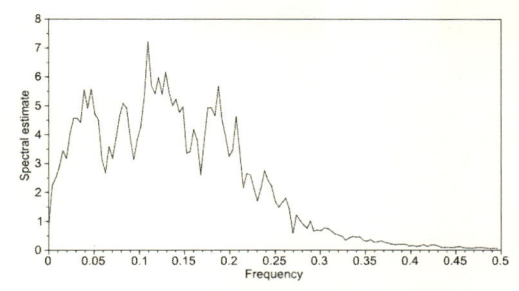

図 2.22 ARMA 過程のスペクトル推定例

ある形となっている.

2.3.3 確率過程モデルの同定

一般に，モデル中の未知パラメータの推定法としては，最小二乗法（least squares method）や最尤法（maximum likelihood method）がよく用いられる．入出力データから求めた予測誤差 $\varepsilon(k)$ を次式で定義する．

$$\varepsilon(k) = y(k) - \hat{y}(k|k-1) \quad (2.25)$$

このとき，最小二乗法では，以下の評価基準を最小とするようにパラメータ θ を求める．

$$J(\theta) = \frac{1}{N}\sum_{k=1}^{N}\varepsilon^2(k) \quad (2.26)$$

一方，最尤法では，以下の評価基準を最小とするようにパラメータを求める．

$$J(\theta) = \frac{1}{N}\sum_{k=1}^{N}\{-\log f(\varepsilon(k))\} \quad (2.27)$$

ここで，$f(\varepsilon(k))$ は $\varepsilon(k)$ の確率密度関数である．予測誤差の時系列が正規ノイズの場合には，最小二乗推定値と最尤推定値とは一致する．

ARMA モデルのパラメータも最小二乗法や最尤法で推定できる．

モデル次数 p は，次式の赤池情報量規準（Akaike Information Criterion；AIC）または最終予測誤差（Final Prediction Error；FPE）が最小となるようにするのがよい．

$$\mathrm{AIC} = N\log\hat{\sigma}_\varepsilon^2 + 2p \quad (2.28)$$

$$\mathrm{FPE} = \frac{N+(p+1)}{N-(p+1)}\hat{\sigma}_e^2 \quad (2.29)$$

ここで，$\hat{\sigma}_\varepsilon^2$ は予測誤差の分散，N は観測データ数である．

AR モデルのパラメータ a_i と自己相関関数 ϕ_i との間には，次のユール-ウォーカー（Yule-Walker）方程式として知られる関係がある．

$$\begin{bmatrix} \phi_0 & \cdots & \phi_{p-1} \\ \vdots & \ddots & \vdots \\ \phi_{p-1} & \cdots & \phi_0 \end{bmatrix} \begin{bmatrix} a_1 \\ \vdots \\ a_p \end{bmatrix} = -\begin{bmatrix} \phi_1 \\ \vdots \\ \phi_p \end{bmatrix} \quad (2.30)$$

この式を解けば，a_i が求められることになるが，次のレビンソン-ダービン（Levinson-Durbin）のアルゴリズムを用いると効率的に求められる[10]．

STEP 1：自己相関関数の推定

$$\phi(\tau) = \frac{1}{N}\sum_{i}^{N-l-1} y(i)y(i+\tau)$$
$$(\tau = 0, 1, \cdots, p) \quad (2.31)$$

STEP 2：初期値を計算（$m=0$）

$$k_1 = -\frac{\phi(1)}{\phi(0)}, \quad \hat{\sigma}_1^2 = (1-k_1^2)\phi(0)$$
$$(2.32)$$

STEP 3：m を $m+1$ とおいて，次式を計算

$$a_j^{(m)} = a_j^{(m-1)} + k_m a_{m-j}^{(m-1)} \quad (2.33)$$

$$k_m = -\frac{1}{\hat{\sigma}_{m-1}^2}\left(\phi(m) + \sum_{i=1}^{m-1} a_i^{(m-1)}\phi(m-i)\right)$$
$$(2.34)$$

$$\hat{\sigma}_m^2 = (1-k_m^2)\hat{\sigma}_{m-1}^2 \quad (2.35)$$

STEP 4：$m<p$ ならば STEP 3 へ，$m=p$ ならば終了．

2.3.4 ARMAX モデル

AR モデルに対して，制御入力 u_t が $B(q)/A(q)$ を通過したものを外生入力（exogenous）として加えたモデルを ARX（Auto-Regressive eXogenous) モデルと呼ぶ．

$$y(t) = -\sum_{i=1}^{l} a_i y(t-i) + \sum_{i=1}^{m} b_i u(t-i) + e(t)$$
(2.36)

シフトオペレータ q を用いて書き直すと，

$$A(q)y(t) = B(q)u(t) + e(t) \quad (2.37)$$
$$A(q) = 1 + a_1 q^{-1} + \cdots + a_l q^{-l} \quad (2.38)$$
$$B(q) = b_1 q^{-1} + \cdots + b_m q^{-m} \quad (2.39)$$

これをブロック線図で表現すると図2.23のようになる．

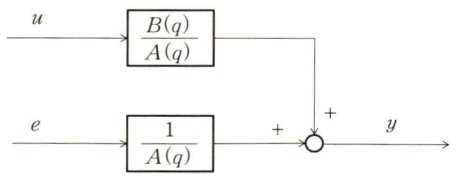

図 2.23 ARX モデル

同様にして，ARMA モデルに外生入力を加えたものを ARMAX (Auto-Regressive Moving Average eXogenous) モデルと呼び，次式で定義する．

$$A(q)y(t) = B(q)u(t) + C(q)e(t) \quad (2.40)$$
$$C(q) = 1 + c_1 q^{-1} + \cdots + b_n q^{-n} \quad (2.41)$$

これをブロック線図で表すと図2.24のようになる．

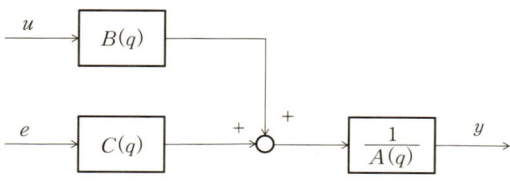

図 2.24 ARMAX モデル

AR モデルや ARMA モデルは，測定できるのは出力 $y(t)$ のみであるとする信号解析用のモデルであるが，ARX モデルや ARMAX モデルは，入力 $u(t)$ と出力 $y(t)$ が計測できるとしておりシステム解析用のモデルとなっている．

2.4 状態空間モデルとカルマンフィルタ

状態空間モデル (state-space model) を用いると，時系列解析で扱ういろいろなモデルを同じ形式で表現することが可能となる．$\mathbf{y}(t)$ を時刻 t における l 次元の観測ベクトル，$\mathbf{x}(t)$ を k 次元の状態ベクトルとすると，線形状態空間モデルは一般に以下のような式で表現される．

$$\mathbf{x}(t) = F_t \mathbf{x}(t-1) + G_t \mathbf{v}(t) \quad (2.42)$$
$$\mathbf{y}(t) = H_t \mathbf{x}(t) + \mathbf{w}(t) \quad (2.43)$$

ここで，$\mathbf{v}(t)$ はシステムノイズ，$\mathbf{w}(t)$ は観測ノイズと呼ばれ，線形ガウス状態空間モデルではそれぞれ，平均 0，分散 Q_t，または R_t の正規白色ノイズベクトルとする．F_t, G_t, H_t は係数行列であり，時不変システムを仮定すればそれぞれ一定値である．

AR モデルは，$\tilde{\mathbf{y}}(t+i|t-1) = \sum_{j=i+1}^{m} a_j \mathbf{y}(t+i-j)$ に対して
$$\mathbf{x}(t) = (\mathbf{y}(t), \tilde{\mathbf{y}}(t+1|t-1), \tilde{\mathbf{y}}(t+2|t-1),$$
$$\cdots, \tilde{\mathbf{y}}(t+m-1|t-1))^\top \quad (2.44)$$

とおくと，次のように状態空間モデルで表現できる[*2]．

$$F_t = \begin{bmatrix} a_1 & 1 & \cdots & 0 \\ a_2 & 0 & \ddots & \vdots \\ \vdots & \vdots & & 1 \\ a_m & 0 & \cdots & 0 \end{bmatrix},$$

$$G_t = \begin{bmatrix} 1 \\ 0 \\ \vdots \\ 0 \end{bmatrix},$$

$$H_t = \begin{bmatrix} 1 & 0 & \cdots & 0 \end{bmatrix} \quad (2.45)$$

同様に，ARMA モデルなども，次式で表現できる．

$$F_t = \begin{bmatrix} a_1 & 1 & \cdots & 0 \\ a_2 & 0 & \ddots & \vdots \\ \vdots & \vdots & & 1 \\ a_m & 0 & \cdots & 0 \end{bmatrix},$$

[*2] 状態ベクトルを $\mathbf{x}(t) = (\mathbf{y}(t), \mathbf{y}(t-1), \cdots, \mathbf{y}(t-m+1))^\top$ とおいても状態空間モデルとなる．

$$G_t = \begin{bmatrix} 1 \\ b_1 \\ \vdots \\ b_{m-1} \end{bmatrix},$$

$$H_t = [c_1 \quad c_2 \quad \cdots \quad c_m] \quad (2.46)$$

時系列 $\mathbf{Y}(j) = (\mathbf{y}(1), \mathbf{y}(2), \cdots, \mathbf{y}(j))$ の観測値に基づいて，時刻 t における状態 $\mathbf{x}(t)$ の推定を行う問題を考える．$j<t$ の場合は将来の状態を推定する問題であり，予測（prediction）と呼ばれる．$j=t$ の場合は，現在の状態を推定する問題であり，フィルタ（filtering）と呼ばれる．$j>t$ の場合は，過去の状態を推定する問題で，平滑化（smoothing）と呼ばれる．これらの推定問題は，次に示すカルマンフィルタ（Kalman filter）と呼ばれる逐次的な計算アルゴリズムで効率的に求められる[11]．

状態 $\mathbf{x}(t)$ を推定するためには，観測値 $\mathbf{Y}(j)$ が与えられたもとでの状態 $\mathbf{x}(t)$ の条件付き分布 $p(\mathbf{x}(t)|\mathbf{Y}(j))$ を求めればよい．この分布を規定する平均ベクトルの推定値 $\hat{\mathbf{x}}(t|j)$ と分散行列 $V(t|j)$ を次式で表すことにする．

$$\hat{\mathbf{x}}(t|j) = E[\mathbf{x}(t)|\mathbf{Y}(j)] \quad (2.47)$$

$$V(t|j) = E[(\mathbf{x}(t)-\hat{\mathbf{x}}(t|j))(\mathbf{x}(t)-\hat{\mathbf{x}}(t|j))^T] \quad (2.48)$$

以下の1期先予測とフィルタを交互に繰り返すことによって，これらを順次，効率的に求めることができる．

（1期先予測）

$$\hat{\mathbf{x}}(t|t-1) = F_t \hat{\mathbf{x}}(t-1|t-1) \quad (2.49)$$

$$V(t|t-1) = F_t V(t-1|t-1) F_t^T + G_t Q_t G_t^T \quad (2.50)$$

（フィルタ）

$$K_t = V(t|t-1) H_t^T (H_t V(t|t-1) H_t^T + R_t)^{-1} \quad (2.51)$$

$$\hat{\mathbf{x}}(t|t) = \hat{\mathbf{x}}(t|t-1) + K_t(\mathbf{y}(t) - H_t \hat{\mathbf{x}}(t|t-1)) \quad (2.52)$$

$$V(t|t) = (I - K_t H_t) V(t|t-1) \quad (2.53)$$

ここで，K_t はカルマンゲインと呼ばれる．

2.5 複雑系のモデル

確率論的な要素を含まない決定論的なシステムであっても，非線形システムでは驚くほど複雑な挙動を示すことがある．少ない自由度にもかかわらず起こるそのような複雑な現象をカオス現象（chaos phenomenon）と呼ぶ．初期値のわずかな差がその後の挙動に大きな影響を与える（局所的軌道不安定性；local trajectory instability）こととなり，その結果，短期予測は可能であるが，長期予測は不可能となる．逆にいうと，複雑で一見予測不可能な変動が単純な法則に支配されている可能性を示していることとなる[12]．

個体数 M の生物の成長に関して，次のロジスティック方程式（logistic equation）がよく知られている．

$$\frac{dM}{dt} = (r_n - k_r M) M \quad (2.54)$$

ここで，r_n は個体の自然増加率（intrinsic rate of natural increase）であり，k_r は密度効果（density effect）と呼ばれ1個体の増加によって増加率が減少する率を表す．この式をオイラー法で差分化すると次式となる．

$$M_{n+1} = a M_n (1 - M_n) \quad (2.55)$$

この式は，パラメータ a のとり方によって，$0<a\leq 1$ では単調減少，$1<a\leq 2$ では単調増加，$2<a\leq 3$ では減衰振動，$3<a\leq 1+\sqrt{6}$ では周期振動といったまったく異なる解の挙動を示す．特に $a=4$ の場合，ほとんどすべての初期値 $x_0 \in [0,1]$ から出発した x_n はランダム（カオス）

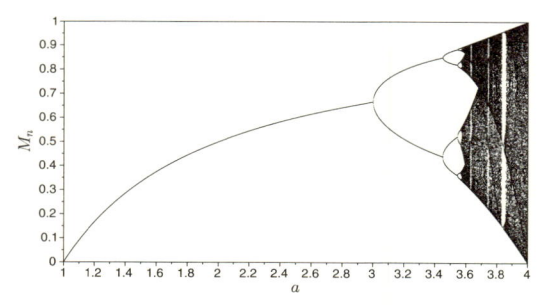

図 2.25 ロジスティック方程式の解

な挙動を示す．すなわち，初期値のわずかな違いがその後の挙動に大きな影響を与える．パラメータの変化によって解が変化していく様子をまとめると図 2.25 のようになる．この図は，それぞれの a の値に対して (2.55) 式の M_{101} から M_{200} の値をプロットしたものである．a の値が 3 までは一つしかない解が，3 を超えたところで二つの解に分岐し，その後 $1+\sqrt{6}$ を超えたところで四つに分岐し，さらに 8 個，16 個，…と分岐してカオスとなっているのがわかる．

このように，パラメータの変化によって，解の安定性が変化したり，新しい解が現れたりするなど，解空間に定性的な変化が起こることを分岐（bifurcation）と呼び，このような図を分岐ダイアグラム（bifurcation diagram）と呼ぶ．パラメータの変化に伴う分岐の仕方によって，いくつかの型に分類されている．平衡点からの分岐の代表的なものとしては，図 2.26 に示したようにサドルノード分岐（saddle node bifurcation），ピッチフォーク分岐（pitchfork bifurcation），ホップ分岐（Hopf bifurcation）などがある．

近傍の 2 点間の距離が反復とともに指数関数的に発散するカオス的挙動の程度を定量的に表現する指標として，リアプノフ指数（Lyapunov index）が用いられる．写像 f を次式で定義する．

$$x_{n+1} = f(x_n) \quad (2.56)$$

N 回反復したとき，x_0 は $f^N(x_0)$ へ写像される．x_0 の近傍の点を $x_0+\varepsilon$ とすると

$$\varepsilon \exp(N\lambda(x_0)) = |f^N(x_0+\varepsilon) - f^N(x_0)| \quad (2.57)$$

と書けるので，この極限としてリアプノフ指数 $L(x_0)$ は次式で定義される．

$$L(x_0) = \lim_{N\to\infty} \lim_{\varepsilon\to\infty} \frac{1}{N} \log \left| \frac{f^N(x_0+\varepsilon) - f^N(x_0)}{\varepsilon} \right|$$

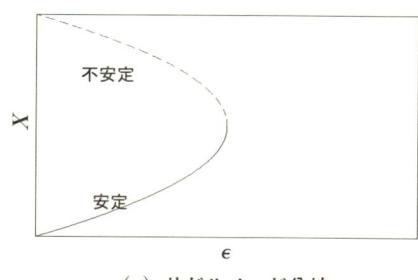

(a) サドルノード分岐

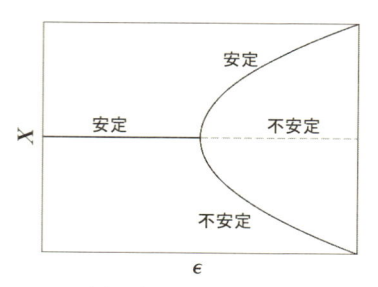

(b) ピッチフォーク分岐

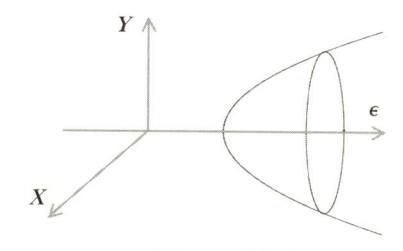

(c) ホップ分岐

図 2.26 代表的な分岐の例

$$= \lim_{N\to\infty} \frac{1}{N} \log \left| \frac{\mathrm{d}f^N(x_0)}{\mathrm{d}x_0} \right| \quad (2.58)$$

リアプノフ指数は，1回の反復による区間 [0, 1] にある点の位置に関する情報量の平均的損失を表しており，$L>0$ のときカオスとなる．

リアプノフ指数と並んでカオスを特徴づけるもう一つの指標は次元である．次元 D_i は「体積」が「長さ」の D_i 乗に比例するという関係から定義される．点は0次元，直線は1次元，平面は2次元と経験的に理解されているが，カオス現象は，非整数の次元をもつ．

さまざまな次元が定義されているが，次のように定義される相関次元 (correlation dimension) がよく用いられる．この方法によれば，まず，観測時系列 $\{y(t)\}$ から，$\mathbf{x}_t = (y(t), y(t+\tau), \cdots, y(t+(p-1)\tau))$ として p 次元空間に埋め込んだベクトルを再構成する．ここで，2点間のユークリッド距離 $|\mathbf{x}_i - \mathbf{x}_j|$ を考え，半径 r 以内に存在する確率として次の相関積分 $C(r)$ を定義する．

$$C(r) = \frac{1}{N^2} \sum_{i \neq j} \mathcal{H}(r - |\mathbf{x}_i - \mathbf{x}_j|) \quad (2.59)$$

ここで，

$$\mathcal{H}(z) = \begin{cases} 0 & \text{if } z < 0, \\ 1 & \text{otherwise} \end{cases} \quad (2.60)$$

ここで $\mathcal{H}(z)$ をヘビサイド関数と呼び，このとき，$C(r) \propto r^{D_2}$ となる D_2 を相関次元と呼ぶ．この値は，計測点のすべてのペアについて2点間の距離を求め，$C(r)$ を求めることによって比較的簡単に計算できる．実際には，$\log r$ と $\log C(r)$ をプロットし，その直線近似できる区間の傾きより次元 D が求められる（グラスバーガー–プロカチア (Grassberger-Procaccia) アルゴリズム）．p が大きくなると D は飽和し，この飽和した値より相関次元 D_2 が求められる．

ほかに，容量次元 (box-counting dimension) なども比較的よく用いられている．

2.6 推論モデル

2.6.1 記号論理と推論

因果関係 (causal relationship) や論理的関係 (logical relationship) をモデル化する場合には，論理演算 (logical operation) に基づく推論モデルが有効である．その基本は記号論理 (symbolic logic) である．記号論理では，「A ならば B」というような表現の言明 (statement) を扱う．このような論理式 (logical expression) を命題 (proposition) という．命題は，真 (true) か偽 (false) かどちらかである[14]．

命題を扱う論理を命題論理 (propositional logic) と呼ぶ．命題論理の基本演算要素は3種類あり，P, Q をそれぞれ命題とするとき次のように表される．これらの演算結果も命題であり，その演算はそれぞれ次の真理値表 (truth table) で定義される．ここで，T は真を，F は偽を表すものとする．

否定 (NOT)：「P ではない」に対応し，論理記号で表すと $\neg P$ のようになる

P	$\neg P$
F	T
T	F

論理和 (OR)：「P または Q」に対応し論理記号で表すと $P \vee Q$ のようになる

P	Q	$P \vee Q$
F	F	F
F	T	T
T	F	T
T	T	T

論理積 (AND)：「P かつ Q」に対応し，論理記

号で表すと $P \wedge Q$ のようになる

P	Q	$P \wedge Q$
F	F	F
F	T	F
T	F	F
T	T	T

さらに,「ならば」という言葉を扱うのが含意 (implication) と呼ばれる次の論理演算である. ここで, P を仮定 (hypothesis) または前提 (premise) と呼び, Q を結論 (conclusion) または帰結 (consequence) と呼ぶ.

$$P \to Q$$

含意の真理値表は以下のように定義される.

P	Q	$P \to Q$
F	F	T
F	T	T
T	F	F
T	T	T

これによって,「もし P ならば Q」(if P then Q) といったルールを表現できるようになる.

このルールと,事実(または仮定)から論理的帰結を求めるのが推論 (reasoning) である. 推論のもっとも基本となるのは,次の modus ponens である.

$$(P \wedge (P \to Q)) \to Q \quad (2.61)$$

図式的に書くと,次のようになり,事実 P と, $P \to Q$ というルールから, Q という結論を導くことができることになる.

$$\frac{P \quad P \to Q}{Q}$$

次に modus ponens の簡単な例について述べる.

たとえば「温度が上がったらスイッチを入れる」というルールがあるとする. このとき,「温度が上がった」という事実が成り立ったとする. すると,推論によって,「スイッチを入れる」という結論が導かれることとなる.

一般に,得られた結論は新たな事実として扱うことができ,その結果,複数のルールを連結して推論することができるようになる. たとえば,次の二つのルールがあったとする.

$$P \to Q$$
$$Q \to R$$

このとき, P が事実であれば, R が結論として導かれる. この考え方は三段論法 (syllogism) としてよく知られている推論である.

この方法の発展的応用の一例として,ルールベースシステム (rule based system (またはプロダクションシステム; production system)) がある. ルールベースシステムでは,知識をたくさんの if-then 形式のルールとして記述しておき,与えられた問題に対してこれらのルールを次々と適用して推論を進めることによって問題を解決する. ただし,因果の連鎖が長く,推論が何段にもわたって行われる場合には,それぞれのルールは妥当でも,不確実さが増長して次第に不自然な結論になってしまうことがある. この欠点を改善するための手法として,それぞれのルールに確信度 (Confidential Factor; CF 値) を導入する方法などもよく用いられている.

2.6.2 ファジイ推論

1965 年に,カリフォルニア州立大学バークレイ校の Lotfi A. Zadeh 教授は「あいまいさ」をより科学的に定量的な形で議論することを目的とした理論である「ファジイ集合」(fuzzy sets) を提唱した. ファジイ集合とは,集合に属する境界があいまいな集合を意味し,一般的にメンバーシップ関数 (membership function) を用いて定義される. たとえば,メンバーシップ関数を用いて,「過ごしやすさ」を定義してみる. 室温や人によって「過ごしやすさ」は変化するが,過ごしやすさを考えるうえで湿度が

2.6 推論モデル

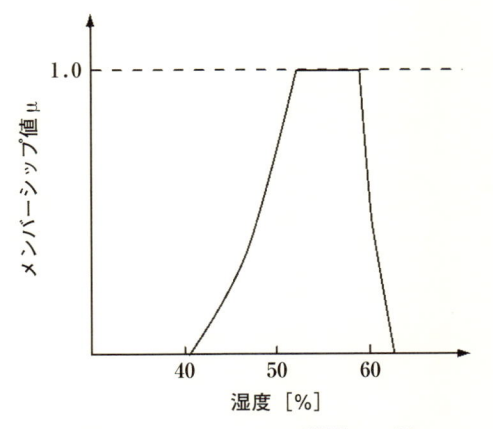

図2.27 メンバーシップ関数の一例

目安になることを考えると，湿度を要素とした「過ごしやすさ」のファジイ集合を定義することができる．ファジイ集合「過ごしやすさ」の定義においては，各湿度が「過ごしやすさ」に属する程度を，最大値を1としたメンバーシップ値で表す．要素とメンバーシップ値を連続量と考えると，図2.27に示す連続的なメンバーシップ関数で表せる．メンバーシップ関数を定義することによって，数学的に明確な取扱いが可能となる[13,14]．

一方，あいまいさを含まない従来の集合を「クリスプ集合」(crisp sets)と呼ぶ．クリスプ集合は，値として0と1のみをもつメンバーシップ関数の特殊な場合として定義できる．通常，クリスプ集合間の演算は図2.28のようなベン図（Venn charts）によって表現するとわかりやすい．A，B二つの集合を考え，全体集合をUとすると，積集合（AND），和集合（OR），補集合（NOT）はそれぞれ図2.28のように表される．

ファジイ集合では，A，Bそれぞれの集合に属する度合いがメンバーシップ関数として0から1の間の値で表現されるため，ベン図を描くとすると等高線のような表現となる．集合Aのメンバーシップ関数を$\mu_A(x)$のように表すとすると，ファジイ集合の演算は次式で定義できる．この定義は，クリスプ集合の演算にもそのまま適用できる．

1) 積集合：
$$\mu_{A \cap B}(x) = \min\{\mu_A(x), \mu_B(x)\} \quad (2.62)$$

2) 和集合：
$$\mu_{A \cup B}(x) = \max\{\mu_A(x), \mu_B(x)\} \quad (2.63)$$

3) 補集合：
$$\mu_{\neg A}(x) = 1 - \mu_A(x) \quad (2.64)$$

ただし，ファジイ集合においては，通常の集合に関する補集合の定義とは異なり，$\neg A \cup A = U$

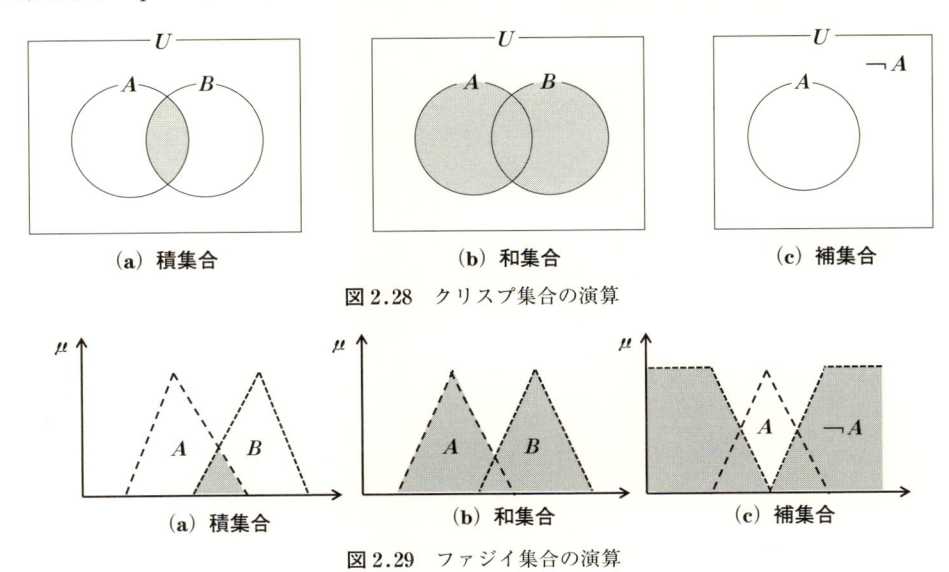

(a) 積集合　　(b) 和集合　　(c) 補集合

図2.28　クリスプ集合の演算

(a) 積集合　　(b) 和集合　　(c) 補集合

図2.29　ファジイ集合の演算

は成立しない．それぞれの演算の様子を図示すると図 2.29 のようになる．

このようなファジイ集合の定義に基づいてさまざまなファジイ集合論が展開され，実際の工学的問題へ適用されている．たとえば "if～then～" の形式で経験的知識が表現されたルールを用いて推論するシステム（「プロダクションシステム」と呼ばれる）に，ファジイ集合論に基づくモデルを導入した「ファジイ推論」(fuzzy reasoning) はよく知られている．ファジイ推論にはいくつかの方法が提案されている．ロンドン大学の E. H. Mamdani は先の min, max による集合演算と，重心法による非ファジイ化とを組み合わせた推論方法を提案している．いま，$P(x) \to Q(y)$ (if x is P then y is Q) なるファジイルールに対して，x が P とは少し異なる P' であるという事実が与えられたとする．まず，次式によって適合度 α を求める．

$$\alpha = \mu_{P \cap P'}(x) = \max(\mu_P(x), \mu_{P'}(x)) \quad (2.65)$$

このとき，次式によって Q とは少し異なる Q' が結論として推論される．

$$\mu_{Q'} = \min(\alpha, \mu_Q(y)) \quad (2.66)$$

複数のファジイルールを適用する場合には，各ルールの結論としての上記のファジイ集合の論理和をとったものを最終的な結論とする．なお，このままでは，結論はファジイ集合であるので，必要な場合には，次式によって重心 (gravity center) z を求め非ファジイ化 (defuzzification) することによって数値を結論として得ることができる．

$$z = \frac{\int \mu_Q(y) y \, dy}{\int \mu_Q(y) \, dy} \quad (2.67)$$

なお，入力（前件部）が数値の場合には，その値のみで 1，ほかの値では 0 となるシングルトン (singleton) と呼ばれるメンバーシップ関数を用いることによってファジイ推論が適用できる．

高木友博と菅野道夫は，前件部（"if～" の部分）にファジイ集合を用い，後件部（"then～" の部分）には線形（または非線形）式を用いたファジイ推論法を提案している．ファジイルールが次式のように与えられたとする．

"if x is P_1 and y is Q_1 then y is $z = f_1(x, y)$"
"if x is P_2 and y is Q_2 then y is $z = f_2(x, y)$"

すると，それぞれのルールに対する入力 x_0, y_0 の適合度は次式で求められる．

$$\begin{aligned} \alpha_1 &= \mu_{P_1}(x_0) \mu_{Q_1}(y_0) \\ \alpha_2 &= \mu_{P_2}(x_0) \mu_{Q_2}(y_0) \end{aligned} \quad (2.68)$$

このとき，推論結果は，次式で得られる．

$$z = \frac{\alpha_1 f(x_0, y_0) + \alpha_2 f_2(x_0, y_0)}{\alpha_1 + \alpha_2} \quad (2.69)$$

これらのファジイ推論は，経験的知識に基づく制御（ファジイ制御）などに広く応用されている．ファジイ推論では，それぞれのルールにあいまい性を内包させているため，推論結果もあいまい性をもった表現として得ることができる．因果の連鎖が長く，複数のルールを続けて適用して推論する場合でも，それぞれのルールのあいまいさを加味した推論をしてくれるため，自然な推論結果を導いてくれる．

2.7 最適化問題の解法

最適化の概要については，1.5.4 項で述べた．ここでは，いくつかの代表的な最適化問題の数値解法について説明する[15]．

2.7.1 制約条件のない連続関数の最適化

選択肢が連続変数 x で与えられ，制約条件がなければ，$f(x)$ を最小にするのは $f'(x) = 0$, $f''(x) > 0$ を満たす点であることはよく知られ

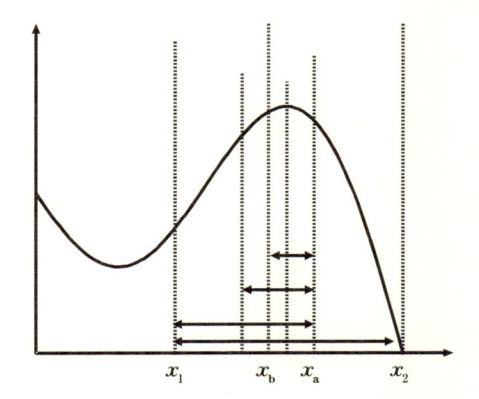

図 2.30 黄金分割法による極大値探索

ている．したがって，解析的に求められる場合も多い．

解析解が求めにくい場合には，極値を数値的に探索して最適解を求めることになる．いろいろな手法が提案されているが，数値計算上の工夫は，いかに効率的に探索するかにつきる．最適値を直接探索する代表的な手法の一つに区間縮小法（method of nested intervals）がある．どのように区間を狭めていくかによって，二分法（bisection method）や黄金分割法（golden section method，図 2.30）が提案されている．

黄金分割法の概要を以下に簡単に説明する．区間の最小値と最大値を x_1, x_2 とし，x_a を区間 $[x_1, x_2]$ を黄金分割比 Φ ($=(1+\sqrt{5})/2 \cong 1.618$) で分割する点とし，$x_b$ を区間 $[x_1, x_a]$ を黄金分割する点とする．このとき，$f(x_1)$, $f(x_a)$, $f(x_b)$, $f(x_2)$ の四つの値を比較し，最大値を含む 3 点のみを残してさらに分割した点を求め，同様の操作を繰り返して最大値を含む区間を縮小していくことによって最大値を算出する．その際，黄金分割で区間を分割していくと $\overline{x_1 x_2} : \overline{x_1 x_a} = \overline{x_1 x_a} : \overline{x_a x_2}$ となり，次のステップでは区間の分割幅の比率を保ったままで，残した点の評価値を再利用することができ効率がよい．

最適値を直接探索する代わりに，$f'(x)=0$ を満たす x を探索する方法もある．この種の手法としては，次のニュートン（Newton）法（図 2.31）がもっとも有名である．

$f(x)$ を x_k のまわりでテイラー（Taylor）展開すると，

$$f(x) \approx f(x_k) + f'(x_k)(x-x_k) + \frac{1}{2}f''(x_k)(x-x_k)^2 \quad (2.70)$$

$f'(x)=0$ で極値をもつので，微分して $x=x_{k+1}$ とおくと

$$f'(x_k) + f''(x_k)(x_{k+1}-x_k) = 0 \quad (2.71)$$

よって，$x_{k+1} = x_k - f'(x_k)/f''(x_k)$ によって更新していけばよいことになる．

多変数の場合は，同様に，$f(x_1, x_2, \cdots, x_n)$ を最小にするには

$$\frac{\partial f}{\partial x_1} = \frac{\partial f}{\partial x_2} = \cdots = \frac{\partial f}{\partial x_n} = 0 \quad (2.72)$$

を満たし，さらに以下のヘッセ行列（Hessian matrix）が正定（positive definite）[*3] であることが条件となる．

$$H = \nabla^2 f(\mathbf{x}) = \begin{bmatrix} \frac{\partial^2 f}{\partial x_1^2} & \frac{\partial^2 f}{\partial x_1 \partial x_2} & \cdots & \frac{\partial^2 f}{\partial x_1 \partial x_n} \\ \frac{\partial^2 f}{\partial x_2 \partial x_1} & \frac{\partial^2 f}{\partial x_2^2} & \cdots & \frac{\partial^2 f}{\partial x_2 \partial x_n} \\ \vdots & \vdots & \ddots & \vdots \\ \frac{\partial^2 f}{\partial x_n \partial x_1} & \frac{\partial^2 f}{\partial x_n \partial x_2} & \cdots & \frac{\partial^2 f}{\partial x_n^2} \end{bmatrix} \quad (2.73)$$

このとき，次式によって $\mathbf{x}$ の値を逐次的に

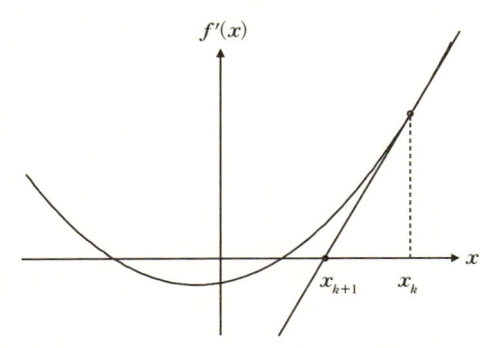

図 2.31 ニュートン法による極値探索

[*3] 行列 A が正定とは，$\mathbf{x}^\mathrm{T} A \mathbf{x} > 0 \ \forall \mathbf{x}$ ということ．

$$\Delta \mathbf{x} = -H^{-1}\left(\frac{\partial f}{\partial x_i}\right) \quad (2.74)$$

多変数関数の最適値を得る数値計算法としては，山登り法（hill climbing method）もよく用いられる．この方法は，勾配の急な方向へと計算を逐次的に進めていけばやがて極大値に到達するという考え方に基づく方法である．最小値を求める最急降下法（steepest descent method）も同じ方法である．その基本的な計算手順は，以下の3段階で構成される．

1) $\mathbf{x} = (x_1, x_2, \cdots, x_n)^T$ の適当な初期値を与える
2) 最適性を判定し $(\partial f(\mathbf{x})/\partial x_i = 0 \ (i=1, \cdots, n))$，条件を満たせば終了
3) 条件を満たさなければ次の探索点を次式で求め，ステップ2）に戻る

$$\Delta \mathbf{x} = \eta \left(\frac{\partial f(\mathbf{x})}{\partial x_1}, \frac{\partial f(\mathbf{x})}{\partial x_2}, \cdots, \frac{\partial f(\mathbf{x})}{\partial x_n}\right)^T \quad (2.75)$$

ここで，η は更新速度を決めるパラメータである．2変数の場合の最急降下法による最適値探索の様子を図2.32に示した．ここで楕円は f の値を等高線として表したものである．

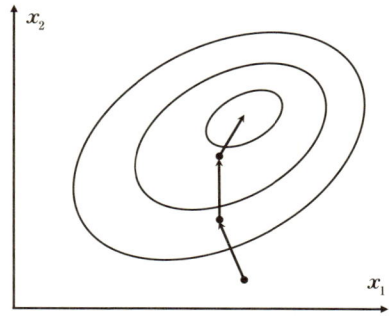

図2.32 最急降下法における最適値探索

2.7.2 制約条件のある場合

不等式制約条件のある場合には，極値は，領域内部にあるか，境界上にあるかのいずれかとなる．極値が領域内部にある場合は，制約条件がない場合と同様であるし，境界上にある場合には，より簡単である．たとえば，関数の定義域が

$$g_i(\mathbf{x}) \leq 0 \quad (i=1, 2, \cdots, m) \quad (2.76)$$

と与えられている場合，$g_i(\mathbf{x})$ が線形であればその境界は平面であり，考える領域は n 次元の凸多面体になる．したがって，頂点の関数値の大小を比較していけば極値が求められることになる．この考え方を一般化した解法は線形計画法（Linear Programming；LP）としてよく知られている．

等式制約条件のある場合は，いくつかの解法が用いられる．もっとも単純な方法は，直接代入法である．すなわち，与えられた等式制約条件 $g(\mathbf{x})=0$ が $\mathbf{x}$ について簡単に解けるならば，その解を評価関数の式に代入してしまえば，変数が一つ減った制約条件のない問題に帰着できるという考え方の解法である．

ラグランジュの未定乗数法（Lagrange multiplier method）もよく使われる手法である．任意定数 λ を導入して，新しい関数 $F(\mathbf{x}, \lambda)$ を定義する．

$$F(\mathbf{x}, \lambda) = f(\mathbf{x}) - \lambda g(\mathbf{x}) \quad (2.77)$$

すると，右辺第2項は $g(\mathbf{x})=0$ なので0であり，F の極値は f の極値と一致する．したがって，$\partial F/\partial \lambda = 0$ を満たすように λ を求めておけば，f が極値をもつ条件と組み合わせて制約のない問題に帰着できることになる．

2.7.3 離散変数の最適化

実際の最適化問題では，複数の選択肢から選ぶ場合のように，変数の値が連続値ではなく離散的な場合も多い．そのような場合の最適化問題は，組合せ最適化問題（combinatorial optimization problem）または離散最適化問題（discrete optimization problem）と呼ばれている．いくつかの選択肢をもつ要素が複数あった場合，その解候補は組合せ的に増えるため，すべての解候補を調べることは要素数が増えるとすぐに計算困難となり現実的でなくなってしまう．このような現象を組合せ爆発（combinatorial explosion）と呼ぶ．したがって，最適解を求めるためには，効率的な探索方法が重要となる．また，実際には，最適解ではないがそれなりによい解である準最適解が得られれば十分な場合も多い．

典型的な問題の例としては，巡回セールスマン問題（Traveling Salesman Problem；TSP）やナップザック問題（knapsack problem），グラフ採色問題（Graph Coloring Problem；GCP）などがあり，さまざまな解法が提案されている．

たとえば，複数の都市を一度だけ訪問して出発した都市に戻るといった問題を考える．各都市間の移動距離が与えられているとすると，総移動距離を最小にする訪問順序が存在するはずである．このような問題を巡回セールスマン問題と呼ぶ．配線や配管の量を最小にする問題や，輸送経費を最小にする問題など，さまざまな現実の問題がこの形式の問題となっている．都市数が少なければ，すべての可能性を調べることによって容易に最適解を得ることができるが，10都市で181440通り，20都市では6.1×10^{16}通り，50都市では3.0×10^{62}通りもの組合せがあるため，都市数が増えるにつれて急激に難しい問題となる．さまざまな解法が提案されており，日々進歩しているが，真の最適解を求める厳密解法と，準最適解を求める近似解法に大別できる．厳密解法としては，混合整数非線形プログラミング（Mixed Integer NonLinear Programming；MINLP）や分枝限定法（branch and bound method）などが有名である．近似解法としては，欲張り法（greedy method），焼きなまし法

（Simulated Annealing；SA），タブー探索（tabu search），遺伝的アルゴリズム（Genetic Algorithm；GA）などが有名である．

2.7.4 進化論的計算手法

最適化の対象とする問題によっては，数理的に明確に記述することが難しい場合や，局所的な最大（または最小）を多数有する多峰性の強い場合がある．このような性質をもつ問題については，生物進化の過程を工学的最適化問題の解法へ応用した進化論的計算手法（evolutionary computation）と呼ばれるタイプの最適化手法が有効なことが多い．進化論的計算手法はニューラルネットワーク同様，生物が有する巧妙かつ多様な情報処理機能を工学的に利用しようという研究から生まれた計算機アルゴリズムといえる．地球上のあらゆる生物は環境適応性を有し，その環境適応性は生物の遺伝情報を担うデオキシリボ核酸（DNA）の情報処理機能に関係性があることはよく知られている．生物の進化における生殖，淘汰および突然変異という一連のプロセスはDNA情報の処理機能に基づいており，このような生物進化の過程に着想を得たさまざまな手法が提案されている．本項ではその代表的な手法の一つとして，ミシガン大学のJohn H. Holland教授によって提案された遺伝的アルゴリズム（Genetic Algorithm；GA）について紹介する[16]．

遺伝的アルゴリズムに基づく最適化手法（以下，「GA法」）は，与えられた問題に対して，図2.33のように解候補の集団が「再生」，「交叉」，「突然変異」という過程を繰り返し経ることで，より最適な解の集団へと収束する手法である．解の探索においては，まず問題の変数を遺伝子列で示されるような形式へ変換する操作を行うことが必要である．この操作は「コーディ

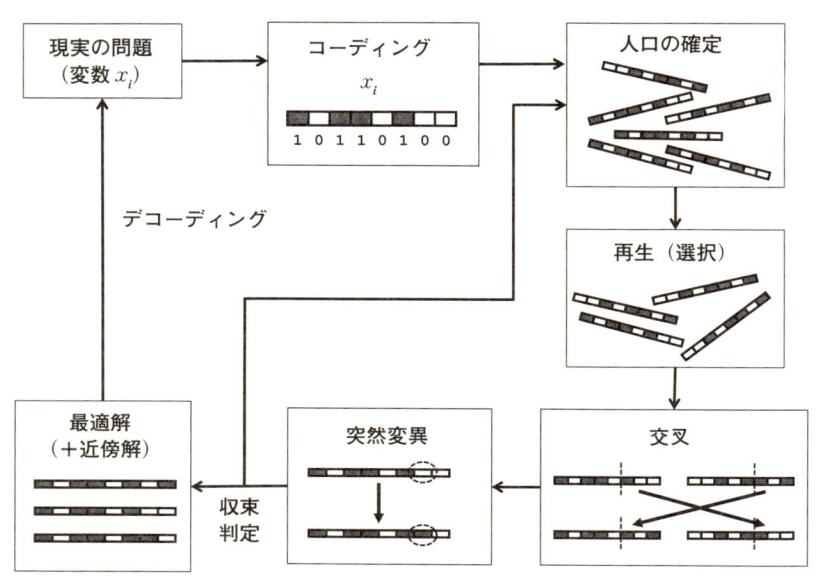

図 2.33 GA の基本的計算手順

ング」といわれる．たとえば，2進数で変数をコーディングし，一様乱数を用いて任意個のコード化された変数（「個体」と呼ぶ）を生成し，それを解候補とする．つまり，GA法は，与えられた問題のデータ空間内の1点から始める解探索法でなく，多数の点からの同時探索法ということができる．

遺伝的アルゴリズムでは，解探索過程を構成する再生，交叉，突然変異の三つの操作を経て得られた個体群は「世代」と呼ばれ，解探索過程の繰り返し回数は世代数に相当する．

再生（reproduction）

「再生」の操作は，ある世代の各個体がその目的関数値（「適応度」と呼ぶ）の優劣によって，次の世代へ選択されるか淘汰されるかを決める操作である．再生の手法においてはさまざまな手法が知られているが，もっとも基本的で簡単な方法は「ルーレット選択法」である．この手法は，ある個体 i の適応度 f_i が世代中の全個体の適応度の総和の中で相対的にどのくらいの割合（$f_i/\Sigma f_i$）かを計算し，その割合を個体 i を選ぶ確率 p_i とする．そして，確率 p_i の集合のルーレットを回すように，乱数発生によって次世代へ生き残らせる個体を決められた数だけ決定する．つまり，この個体選択の手法では，確率 p_i がより高い（適応度がより高い）個体は次世代へ生き残りやすくなるものの，p_i が小さい個体はここで淘汰される．ルーレット選択法は簡便であるが，乱数の揺らぎなどによって選択が適応度を正確に反映しない可能性もあり，同手法のほかに，ランク選択法，期待値選択法，エリート保存戦略，トーナメント選択法などが提案されている．

交叉（crossover）

「交叉」とは，ある世代において，任意の個体を複数組選択し，個体間でコードの一部を入れ換える操作である．たとえば，個体が交叉する場所をランダムに一つ選び，その場所より後ろのコードを入れ換える方式の「1点交叉」がある（図2.34）．交叉によって新しい組の個体が生成されることは，適応度の高くない個体同士から適応度の高い個体が生成されることを期待しており，それは本来の解探索空間内の新しい探索点を選定したことと考えられる．また，

```
   113                          45
┌─┬─┬─┬─┬┊─┬─┬─┐          ┌─┬─┬─┬─┬┊─┬─┬─┐
│1│1│1│0┊0│0│1│          │0│1│0│1┊1│0│1│
└─┴─┴─┴─┴┊─┴─┴─┘          └─┴─┴─┴─┴┊─┴─┴─┘

   117                          41
┌─┬─┬─┬─┬┊─┬─┬─┐          ┌─┬─┬─┬─┬┊─┬─┬─┐
│1│1│1│0┊1│0│1│          │0│1│0│1┊0│0│1│
└─┴─┴─┴─┴┊─┴─┴─┘          └─┴─┴─┴─┴┊─┴─┴─┘
```

図 2.34　1 点交叉

1 点交叉のほかに，2 点交叉，多点交叉および一様交叉などが知られている．

突然変異（mutation）

「突然変異」とは，個体単独においてそのコードの一部を変化させる操作である．たとえば，ある世代において，2 進数で表現された個体群より任意に選ばれた個体中のコードのあるビットの値を強制的に反転させ，新しいコードをつくる操作がある（図 2.35）．2 進数で表現された個体に関しての突然変異では，図 2.36 に示すように特に上位ビットでの突然変異が個体としての変数値を大きく変化させるので，局所的最適解に陥ることを防ぐ効果がある．ただし，突然変異をあまり頻繁に起こすことは個体群全体のバランスを崩し，最適解への収束性を悪くさせることも考えられるので，一般的に突然変異の確率は低くする．

このように GA 法は，解である個体の評価に目的関数値（適応度）のみを用い，その微分値

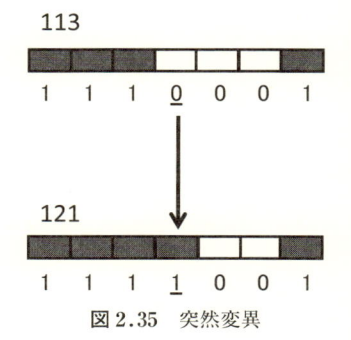

2 進	10 進
<u>0</u>0011	3

⬇

2 進	10 進
<u>1</u>0011	19

図 2.36　突然変異による数値の変化

は用いないという特徴がある．また，通常の数理計画法などとは異なり，GA 法はヒューリスティック（heuristic）探索法であるといわれるように，解の探索過程が確定的ではなく確率的である．

```
   113
┌─┬─┬─┬─┬─┬─┬─┐
│1│1│1│0│0│0│1│
└─┴─┴─┴─┴─┴─┴─┘
         ↓
   121
┌─┬─┬─┬─┬─┬─┬─┐
│1│1│1│1│0│0│1│
└─┴─┴─┴─┴─┴─┴─┘
```

図 2.35　突然変異

文　献

1) 化学工学会編 (1993)：化学工学のための応用数学, 丸善.
2) 小川浩平, 黒田千秋, 吉川史郎 (2007)：化学工学のための数学, 数理工学社.
3) 橋本伊織, 長谷部伸治, 加納　学 (2002)：プロセス制御工学, 朝倉書店.
4) 萩原朋道 (1999)：ディジタル制御入門, コロナ社.
5) 樋口龍雄, 川又政征 (2000)：ディジタル信号処理, 昭晃堂.
6) 西田豊明 (1999)：人工知能の基礎, 丸善.
7) 藤田廣一 (1978)：非線形問題, コロナ社.
8) 北川源四郎 (2005)：時系列解析入門, 岩波書店.
9) 宮野尚哉 (2002)：時系列解析入門, サイエンス社.

10) G. E. P. Box and G. M. Jenkins (1976) : Time Series Analysis : Forecasting and Control, Holden-Day.
11) 足立修一，丸田一郎（2012）：カルマンフィルタの基礎，東京電機大学出版局．
12) 小室元政（2005）：基礎からの力学系—分岐解析からカオス的遍歴へ，サイエンス社．
13) 寺野寿郎（1985）：システム工学入門，共立出版．
14) 新田克己（2002）：知識と推論，サイエンス社．
15) 長尾智晴（2000）：最適化アルゴリズム，昭晃堂．
16) 北野宏明（1993）：遺伝的アルゴリズム，産業図書．

3

動的複雑システムの構成論的解析方法と応用

第3章の記号一覧

a_i	ペトリネットのi-アークの数（1回の事象生起によるトークンの移動個数）
E	電位勾配
m_i	ペトリネットのi-プレースに存在するトークンの数
v_{eof}	電気浸透流速
ε	誘電率
ζ	ゼータ電位
η	粘度
θ_i	ペトリネットのi-トランジションの発火時間

複雑系（complex system）[1]の構成論的システム思考とは，図3.1に示すように大規模で複雑なシステムの現象や機能をいくつかの素現象・機能のつながりとして捉え，素現象・機能の解析のみにとらわれることなく，素から全体に至る成り立ちを仮説形成とシミュレーションを介して試行錯誤的に思考することである．

3.1 大規模複雑システムの取扱い指針

大規模システムとは，多数の要素で構成され，その取扱いに困難を感ずるシステムであり，複雑システムとは，要素と要素の結合の数が多く，複雑なつながりを有するシステムである．このような大規模で複雑なシステムの解析のための科学を，本書ではマクロサイエンス（macro-science）と呼ぶことにする．holistic science, あるいは analysis by synthesis などと相通じているものと考えている．複雑系については，「時間経過の中での非平衡，非線形効果の集積が複雑系（構造の多様化）を発現する」ともいわれ，非平衡性，非線形性を伴う動的現象の世界である．

複雑システムの解析と設計において生じる難問の例として，

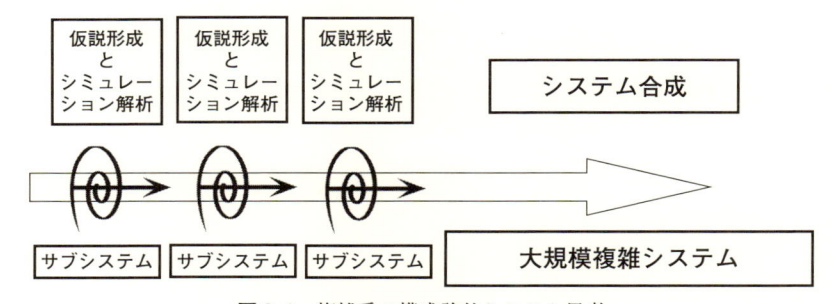

図3.1 複雑系の構成論的システム思考

1) システムの機能が発現する過程を解明するにあたり，サブシステム構造の階層をどこまで下がってモデリング・シミュレーションしたらよいか？
2) 自律的創発過程を解明するにあたり，システムの冗長性やフィードバック機構をどのようにモデリング・シミュレーションしたらよいか？
3) 自律的システムの構造変化能力を解明するにあたり，自律的な評価・意思決定機構をどのようにモデリング・シミュレーションしたらよいか？

などがある．これらの問題にみられる大規模で複雑なシステムの難しさをまとめると，

1) サブシステムの決定：サブシステムの規模と分割の観点を決定しにくい
2) 結合の決定：着目すべき結合とその存在の有無を決定しにくい
3) 属性の決定：システム状態量の数が膨大で，属性の数や値を決定しにくい
4) 観測データから必要な情報を獲得するための前処理（構造化，縮約，誤差評価など）が難しく，システム解析，設計，運用のための情報処理が煩雑となる
5) サブシステム間の結合を通したすべての干渉効果を考慮したモデリング・シミュレーションが難しい

となる．これらの難しさを取り扱う基本姿勢は，

1) できるだけ小規模で単純なシステムとして認識することに努め，正確さを求め過ぎて不必要に大規模性，複雑性を意識することを避ける
2) 全体へのつながりを意識しつつ，積み上げ可能な具体的方法を用いて，認識可能なサブシステムを積み上げてシステム全体を理解する
3) 結合が密な部分をサブシステムと認識し，サブシステムの多重構造あるいは階層構造として取り扱う
4) サブシステム特性を集約化するなどして，システムの簡略化を行う

である．以上の基本姿勢から，大規模で複雑なシステムを取り扱うのに必要な方法は，

1) サブシステムから全体システムを積み上げる構造表現方法
2) 全体システムからサブシステムを切り出す構造表現方法
3) 構造変更や部分構造の発見が容易にできる構造表現方法
4) サブシステムの規定と結合の同定が容易にできる構造解析方法
5) サブシステムの多重化，階層化，簡略化が容易にできる構造解析方法
6) サブシステム間の調整で全体システムをシミュレーションし設計する方法
7) 全体システムの整合性をサブシステムの機能の決定に合理的に配分する方法

となる．

本章では，以上のような要件を満たすべく研究開発されてきた数種のモデリング方法とその適用例を紹介する．そして，それらに共通していることはネットワーク型のモデリング方法ということである．

3.2　マルチスケールモデリング・シミュレーション

本書を問題解決のために役立てる対象の一つにプロセス強化（5章）がある．プロセス強化の主要戦略にはプロセスシステムの組織的な統合化とコンパクト化があるが，それは精密要素が緻密に詰まった複雑なプロセスシステムに至らせることになる．また，プロセス強化技術の

3.2 マルチスケールモデリング・シミュレーション

実現には物質設計→デバイス設計→プロセス設計を通観する複雑なシステム設計戦略が要求される．そこでの最重要課題の一つが，動的複雑システムのマルチスケール（筆者らは複数観点と解釈している）(multi-scale (multi-viewpoint))モデリング・シミュレーションである．

マルチスケールアプローチは，多種多様な学術分野で細分化され深化されてきた膨大な量のデータや知識を統合化しようとする試みである．本書ではプロセスシステムに関する筆者らの研究成果を用いてマルチスケールアプローチの一端を示すことにより独自の見解を述べることにする[2]．

3.2.1 マルチスケールモデリング・シミュレーションへの接近

プロセスシステム工学における動的複雑システムのモデリングでは，次の二つのモデル統合が重要となる．

1) システムモデル（プロセスを構成する全要素のつながり方を表す構造情報に関するモデル）と現象論的モデル（プロセスを構成する各要素の挙動を表す計測情報に関するモデル）の統合化

2) 設計モデル（プロセスを設計するための機能情報に関するモデル）と操作モデル（プロセスを操作するための制御情報に関するモデル）の統合化

すなわち，構造・機能情報と計測・制御情報を融合すべく，さまざまなタイプの情報をネット

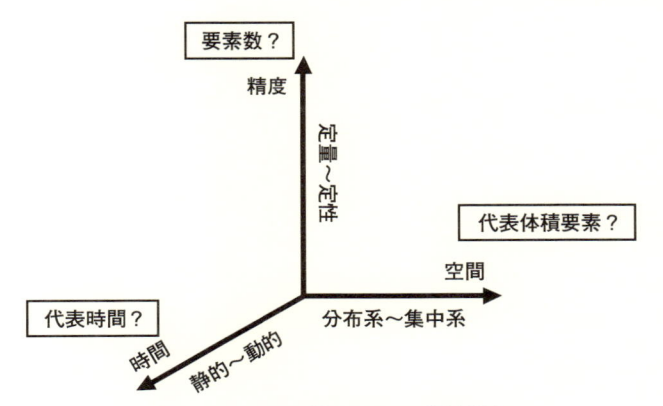

図3.2 モデル選択のための複数観点

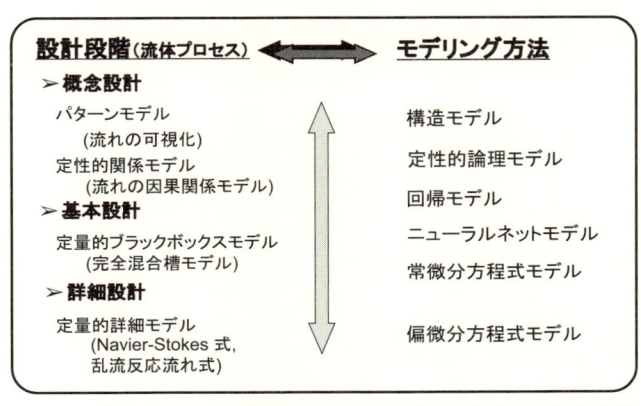

図3.3 流体プロセスの設計におけるモデリング方法の階層的整理

ワークコンピューティング環境上で相互につなげて解析することのできるマルチスケールモデリング・シミュレーション技術が必要となり，図3.2に示すような複数観点からの複数モデルの選択と連結が重要課題である．

　一例として，プロセスシステム設計において使用するモデリング方法のいくつかを階層的に整理して図3.3に示す．流体プロセス開発においては，概念設計から詳細設計に至るまでに，多様な目的に応じて多くのモデルの中で適切なモデルを選択し，連結して問題解決にあたらねばならない．

　本節では，筆者らがプロセス強化を狙った研究課題の中で扱った動的複雑システムのモデリング・シミュレーションの例を紹介し，マルチスケールモデリング・シミュレーションへの接近を試みることにする．

3.2.2　微視的現象の詳細モデルと巨視的構造のシステムモデルの連結

　マイクロリアクターに代表されるコンパクトな流通式反応器を設計するのに際して，装置内の反応性同時移動現象を精密にモデリング・シミュレーションすることが重要である．通常，流れは低レイノルズ数の層流であることが多く，モデリング・シミュレーション方法としてComputer Fluid Dynamics (CFD) 手法の適用が一般的である．同手法を用いて解析すると，一例として図3.4に示すような分布定数系としての微視的で詳細な解析結果を得ることが可能である．同図は発熱中和反応を伴う2流体混合流れ場の温度分布を解析したもので，入り口近くの白色部分付近が高温域である．実測が難しいコンパクト反応器内の微視的な移動現象情報を，層流の安定した流れを前提として詳細に検討することができる．

　しかし，中和反応や酸化反応のような発熱反応を伴う2流体混合流れ場においては，装置壁近傍のせん断流場における温度上昇に伴う物性（粘度や密度）の局所的変化により流れが不安定化し，3.3.2項で後述するような振動性の不安定現象が生じることが知られている．流路幅の小さなコンパクトな反応器においては，このような不安定現象が反応器の性能に大きな影響を与えることは必至である．しかし，上述のCFDのような微視的で詳細なモデリング・シミュレーションによって，巨視的な不安定現象の組織的発現機構を解析することは難しい．以上のような異なる時空間スケールの現象を解析するには，CFD解析と3.3節で後述する時間ペトリネット解析を合わせて考えることにより，複雑な反応性同時移動現象の全容を把握することが可能となる．実験的検討が難しい（装置内の精密計測が特に難しい）コンパクト反応器内の挙動解析と，その結果をもとにした装置形状や操作条件の検討にマルチスケールモデリング・シミュレーションが役立つと考えられる．

3.2.3　マルチスケールモデルを用いたハイブリッドシミュレーション

　対象空間をいくつかの部分空間に分割し，各空間に対してそれぞれ異種のモデルを設定し，それらのマルチスケールモデルを動的に混成させて数値解析するハイブリッドシミュレーション (hybrid simulation) 手法[3]が複雑系解析に有効である．同手法を実現するには，高度のプロセスシミュレーションのためのネットワーク型

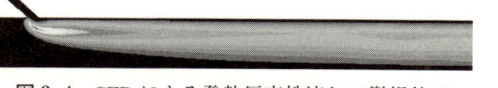

図3.4　CFDによる発熱反応性流れの微視的で詳細な解析（温度分布）[2]［口絵1参照］

ユーティリティーシステム (utility system) の観点からプロセス強化技術を検討すると，従来の熱エネルギー場にとらわれることなく，多種多様なエネルギー場を適用することが有効である．場の変更が直接的に装置形状に影響することは必至であり，従来の円筒形に偏った装置形状設計を変革することにもつながり，さらには既往の単位操作設計のありようにも影響を及ぼすものと考える．一例として，図3.5に示すようなマイクロフリーフロー電気泳動装置のような電界場の適用が考えられる．同装置はマイクロスリット流場と電界場を組み合わせ，さらに動的（振動）操作も容易に行うことのできる統合化されたプロセス強化装置と考えており，イオン性溶液の精密な反応・分離に有効である．装置設計に際して重要な問題となるのは，電流による発熱に起因する装置内の温度上昇であり，それは装置性能に多大な影響を与える．圧力流れである主流に直角方向の電界を加えた場合の流動場と温度場のモデリング・シミュレーションが必要となる．

以上のようなマイクロ電界流場においては，電気浸透流を無視できないことが知られており，この流れは硝子壁面上に形成された電気二重層と拡散層に基づくもので，電界により動かされる壁面上のイオンが電気浸透流を発生させる．当装置の場合，電気浸透流は主流と直角方向に生じており，両者の相互効果により全体の流動場と温度場が変化することになる．電気二重層に基づく電気浸透流のモデルは壁面極近傍の分子スケールのものであり，電気浸透流速はヘルムホルツ-スモルコフスキー（Helmholtz-Smoluchowski）式により以下のようにモデル化される．

$$\text{電気浸透流速}: v_{\text{eof}} = -\frac{\varepsilon \zeta E}{\eta} \quad (3.1)$$

ここで，ε は誘電率，ζ はゼータ電位，E は電位勾配，η は粘度を表している．一方，主流の圧力流れのモデルは μm オーダーの CFD モデル（ナビエ-ストークス（Navier-Stokes）運動方程式とエネルギー方程式）であり，両者の相互効果の解析は壁面近傍の分子スケールのモデルと流路内の熱流体モデルに基づくマルチスケールモデリング・シミュレーションによることになる．ハイブリッドシミュレーション手法を用いて解析した結果の一例を図3.6に示す．

同図はスリット中間位置での流跡線と温度分布を表しており，電気浸透流によって流れが複雑に変化し，流れが停滞する付近に高温領域（黄

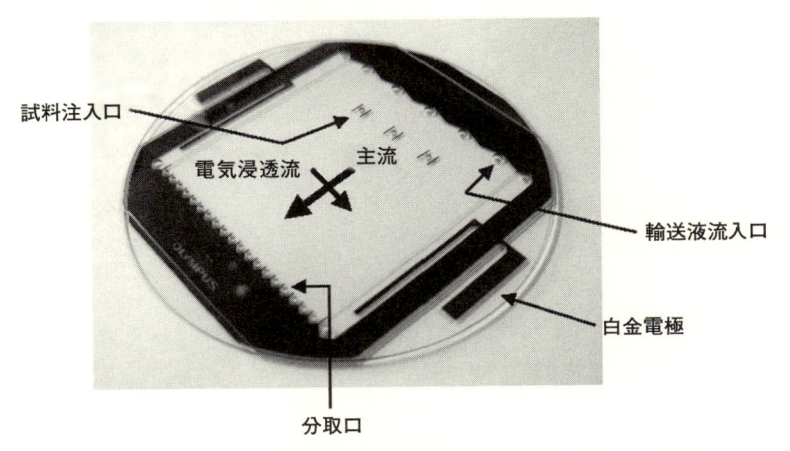

図3.5 マイクロフリーフロー電気泳動装置（文献4）を一部改変）

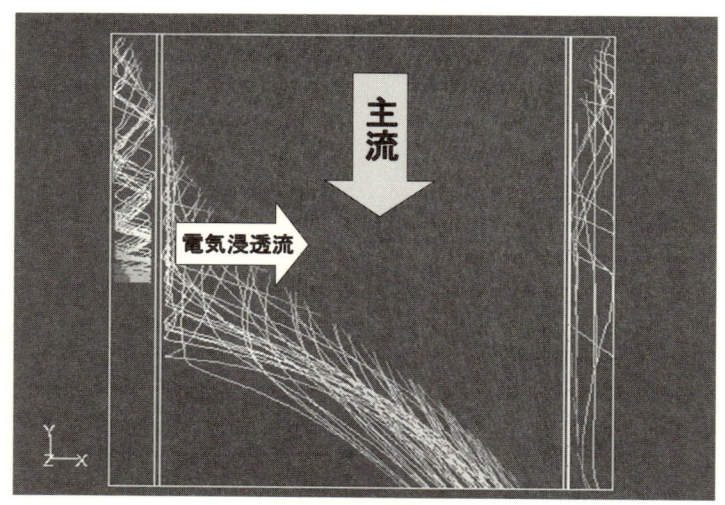

図3.6 マイクロフリーフロー電気泳動装置内の流跡線と温度分布のシミュレーション（文献2)を一部改変)[口絵2参照]

色～赤色の部分）が生じることがわかる．このようなシミュレーション結果は，装置内現象の計測が難しいマイクロフリーフロー電気泳動装置の設計や操作条件の設定に役立てることができる[4]．

上述のようなコンパクトな装置に限らず，大型装置についてもコンピュータシミュレーション技術の導入が重要視されている．たとえば重合反応器の内部挙動の動的シミュレーションが挙げられる．巨視的な捉え方としては，反応器内を完全混合（perfect mixing）状態と仮定して集中定数系（lumped parameter system）と考えるモデルがあり，通常は常微分方程式で表される動的収支式を数値積分法を用いて解く手段をとる．しかし，図3.7に示すような内部構造が複雑な塊状重合反応器（ドラフトチューブ付き，二重円筒間リボンインペラー撹拌方式）になると，リボンインペラーの周囲には完全混合を仮定できても，ドラフトチューブの内側や原料供給口周囲に完全混合を仮定することは難しい．

上記のように不均一性が顕著な領域には，偏微分方程式で表される分布定数系（distributed parameter system）のモデルを導入し，CFD手

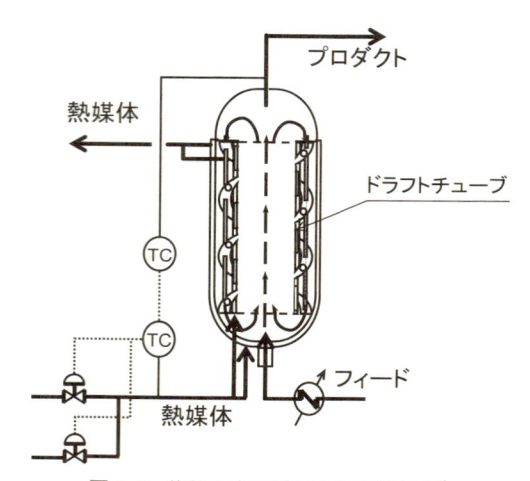

図3.7 複雑な内部構造の重合反応器[3]

法によって解く手段が適切である．反応器内を集中定数系の完全混合領域と分布定数系の不均一領域に分けて，各領域での巨視的な常微分方程式モデルと微視的な偏微分方程式モデルを混成させてハイブリッドシミュレーションすることが考えられる．全領域を集中定数系として巨視的に取り扱うと，シミュレーションの負荷は小さいが結果は誤差の大きなものとなり，逆に全領域を分布定数系として微視的に取り扱うと，シミュレーションの負荷は大きいが結果は精微なものとなる．両者を混成させてハイブ

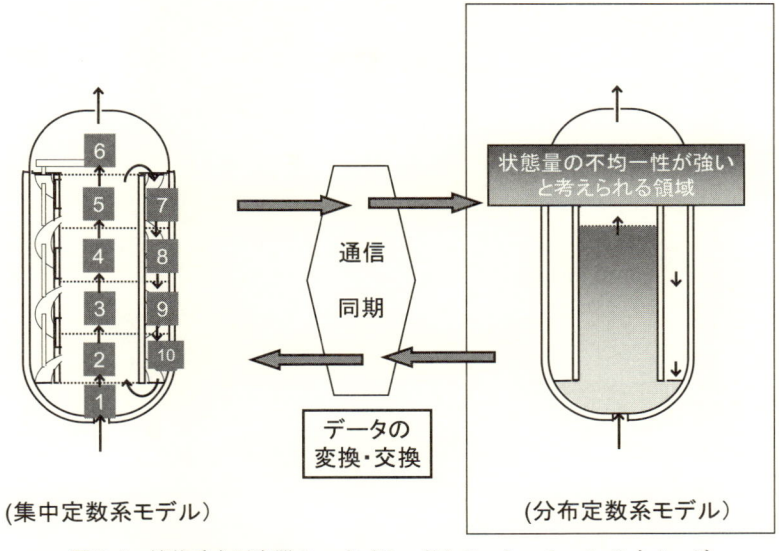

図3.8 塊状重合反応器のハイブリッドシミュレーションのイメージ

リッドシミュレーションすることにより，シミュレーション負荷を軽減させながら適切な精度の結果を得ることができ，複雑な構造を有する装置設計に際して有効なシミュレーション方法となる[3]．

図3.8は図3.7に示した塊状重合反応器についてのシミュレーション例を模式的に示したものであり，領域を軸対称の10領域に分割し，1〜4領域には分布定数系モデル，5〜10領域には集中定数系モデルを適用している．1領域と10領域の境界および4領域と5領域の境界にデータ変換・交換のためのインターフェースを設け，微小時間ごとに同期的にソルバー間の通信を行い，計算結果（重合率と温度）を経時的に得ている．

PID制御（操作量：冷却水温度，制御量：出口重合率）を取り入れて，動的シミュレーションを行った結果の一例を図3.9に示す．図3.8における1〜4領域を不均一領域と仮定したハイブリッドシミュレーションによって，槽全体を完全混合領域と仮定したシミュレーションよりも妥当と思われる結果が得られている．

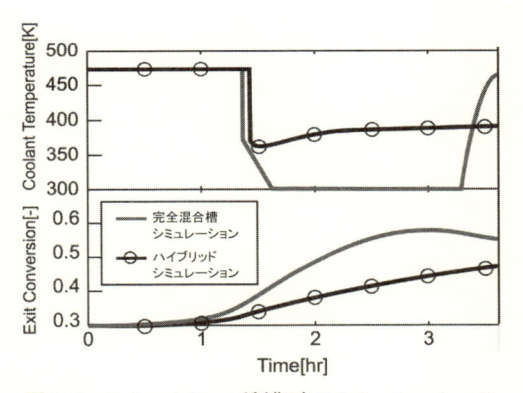

図3.9 スタートアップ制御時のシミュレーション結果の比較[3]

複数の反応器が連なる多段反応プロセスについても，各反応器のハイブリッドシミュレータをさらに混成させた階層的な同期・通信機構により多階層のマルチスケールモデルによるハイブリッドシミュレーションが可能となる．

マルチスケールモデルによるハイブリッドシミュレーションは，これからも進化し続けると考えられる．各モデルの適用範囲の特定，データ変換・交換インターフェースの設計方法，モデル階層の決定など残されている問題も多いが，動的複雑システムの構成論的解析のための有効な方法に展開していくものと考えている．

3.3 論理的ネットワークモデリング ——ペトリネットモデリング

互いに関連しあう同時進行性あるいは並列性の要素からなるシステムのモデリング方法の一つにペトリネット（Petri net）モデリングがある．ペトリネットの概念はCarl Adam Petriの1962年の学位論文から始まり，マサチューセッツ工科大学（MIT）の計算構造グループによる膨大な研究成果が重要な参考資料となっている[5]．ペトリネットに関する研究の方向は，純粋ペトリネットと応用ペトリネットの二つがあり，前者はペトリネットの基本的な道具，手段，および概念を発展させるための研究であり，後者はシステムのモデル化，解析，および理解のための応用方法を発展させるための研究である．ここでは，まずペトリネットの基礎を述べ，その応用例を通して複雑システムのモデリングに有効なことを示すことにする．

システムのモデル化と解析におけるペトリネットの応用は図3.10のように表される．システムをペトリネットとしてモデル化し，このモデルをもとにしてシミュレーションを行いながら解析し，システムの性質を明らかにして問題点を発見する．ついで問題点をなくすようにモデル上で設計変更を行い，それを実システムの改良につなげる．このように構成論的な複雑システムの設計にペトリネットモデリングは有効である．

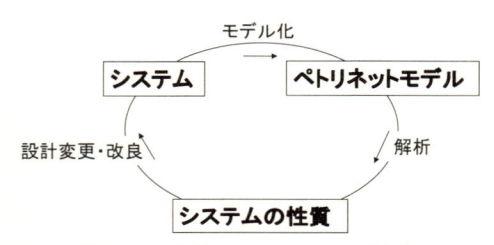

図3.10 応用ペトリネットの思考[5]

3.3.1 ペトリネットの基礎

ペトリネットの概要をまとめると，次のようになる．

1) システム構造を表すモデル
2) 同時進行する並列システムの離散量モデル
3) 非同期（事象駆動）システムの離散量モデル
4) 2部有向グラフモデル

であり，グラフィックなシミュレーションツールが開発されている．開発当初の標準ペトリネットには時間の概念は含まれていなかったが，その後，時間の概念を取り入れた時間ペトリネット（Timed Petri Net；TPN）が開発された．ここでは，工学的にも有用なトランジション時間ペトリネットについて説明する[6]．

TPNは次のような4種類の基本的要素で構成される．

1) プレース（place）：システムを構成する要素の条件（condition）あるいは状態を表す
2) トランジション（transition）：システムを構成する要素が起こす事象（event）を表し，事象生起（発火）の継続時間をもつ
3) アーク（ark）：プレースとトランジションとをつないで，前提条件→事象→後提条件という因果関係を表す
4) トークン（token）：条件（状態）の成立，あるいは事象によって生じる移動量の仮想的量子を表す

であり，TPNグラフは，図3.11に示すような記号を用いて表現される．

図中のm_iはプレースに存在するトークンの数，θ_iはトランジションの生起の継続時間，a_iはアーク数あるいは1回の事象生起によるトー

3.3 論理的ネットワークモデリング——ペトリネットモデリング

○ⓜᵢ ：プレース（Place）

▢θᵢ ：時間トランジション（Timed Transition）

→⓪→ ：アーク（Ark）

● ：トークン（Token）

図3.11 ペトリネットグラフを構成する四つの要素

クンの移動個数をそれぞれ表している．

次に，TPNグラフの簡単な例を示すとともに，同TPN内でのトークンの移動の様子をシミュレーションしながらペトリネットの実行規則を説明する．ここで，ペトリネットの実行とはトランジションを発火させることである．図3.12に簡単なTPNグラフと実行によるトークンの移動の様子を示す．

図3.12をみながら実行規則を説明すると以下のようになる．

1) トランジションT1の入力プレースP1，P2のそれぞれが，T1へのアーク数a_1，a_2以上のトークンをもっているとき，T1は生起可能（enable）となる
2) 継続時間θ_1のT1が生起すると，P1，P2のトークンがそれぞれa_1，a_2だけ取り去られ，出力プレースP3にa_3に等しいトークンが移動する
3) トランジションが生起するとトークンの配置状態（マーキング（marking））は新しいマーキングに変化する
4) 生起可能なトランジションが存在しなくなったとき，実行は停止する

以上より，ペトリネットの状態はマーキングによって定義され，マーキングの変化をみることはペトリネットの状態変化，すなわちシステムの状態変化をシミュレーションしていることになる．簡単な例として化学量論式のTPNグラフ例を図3.13に示したが，量論係数はアー

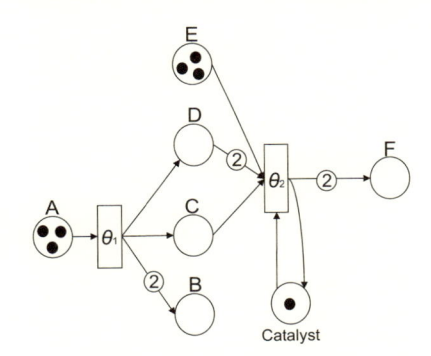

$$A \xrightarrow{k_1} 2B + C + D$$

$$C + 2D + E \xrightarrow{k_2}^{\text{Catalyst}} 2F$$

図3.13 化学反応式のペトリネットグラフ

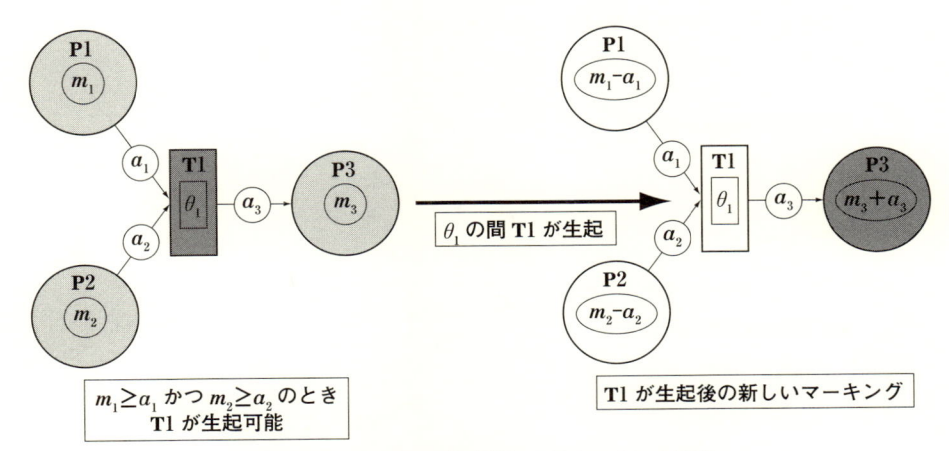

図3.12 TPNグラフと実行によるトークンの移動

ク数で表現させ，反応速度 k_1, k_2 はトランジションのもつ継続時間 θ_1, θ_2 の逆数で代表させることができる．

さらに複雑な系をモデル化すれば，多数のプレースとトランジションから構成されるペトリネットとなり，複数トランジションの並列生起を逐次繰り返してペトリネットを実行させることにより，複雑システムの状態変化をシミュレーションすることができる．

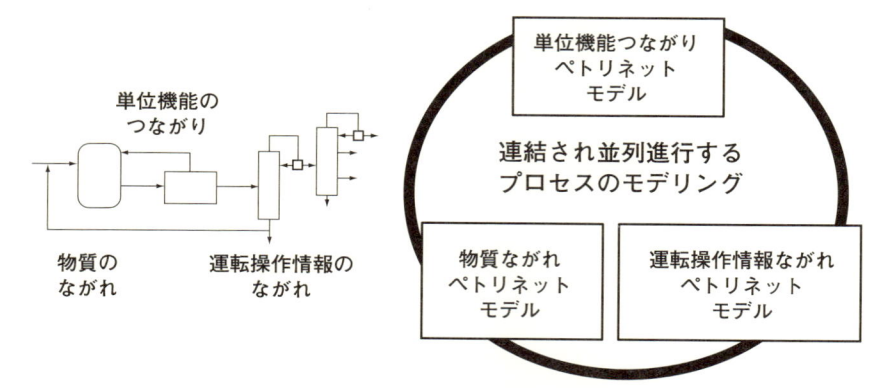

図3.14(a) 並列進行する"ながれ（プロセス）"のペトリネットモデリング

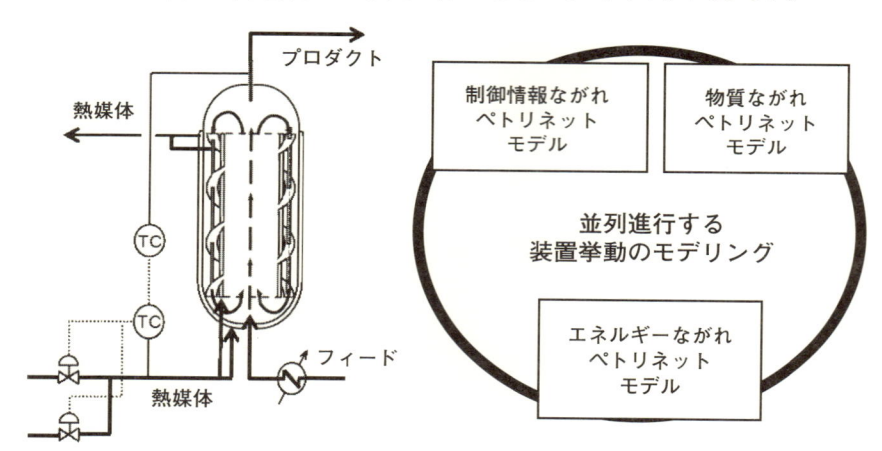

図3.14(b) 並列進行する"ながれ（装置挙動）"のペトリネットモデリング

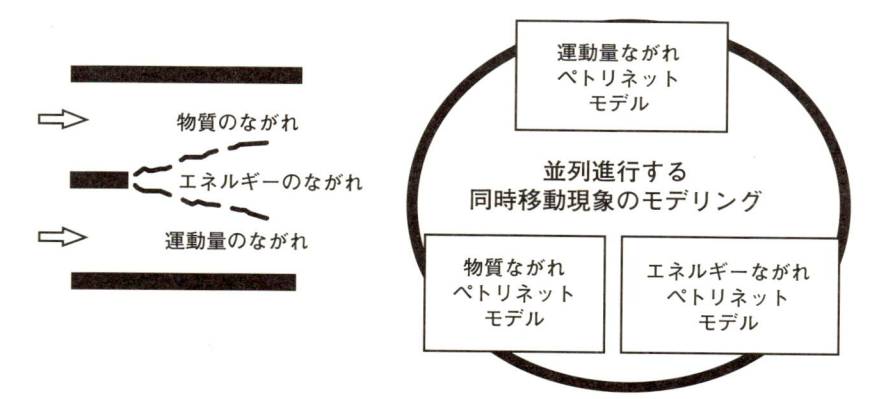

図3.14(c) 並列進行する"ながれ（移動現象）"のペトリネットモデリング

3.3.2 ペトリネットによる複雑システムのモデル化

化学工学が対象とする種々の分野で，ペトリネットモデリングが有効となる問題例を図3.14(a)，(b)，(c)に示す．

ここでは図3.14(c)に示すような物質・エネルギー・運動量の同時移動場において生じる複雑系現象のペトリネットモデリング例を説明する．図3.15は発熱反応を伴う液体のせん断流動場においてしばしば発生する流れの不安定現象（複雑系特有の非線形振動現象）を可視化したものである．同現象は，反応熱に基づく局所的な液物性（特に粘性）の変化と，系内で並列的に進行する発熱反応，反応物質の移動，反応熱の移動，運動量の移動のそれぞれの速さの相違に起因しているものと考えられる[7]．このような複雑系における不安定性（振動）の有無あるいは生起の仕方を検討するため，上記の発熱反応を伴う並列性の同時移動現象系をTPNグラフで表現した一例が図3.16である．

図3.16においては，トランジションが発熱反応，反応物質の移動，反応熱の移動，運動量の移動の事象を表し，一方プレースは反応物質，反応熱，流れの条件あるいは状態を表している．上記のようなモデルをもとにして，θ_iやa_iを変化させながらペトリネットシミュレータを用いた検討（マーキング変化の検討）を行うことにより，たとえば，「物質移動速度が遅い液体の発熱性高速反応場で振動が生起する可能性がある」や「系全体の粘度（移動速度に影響を与

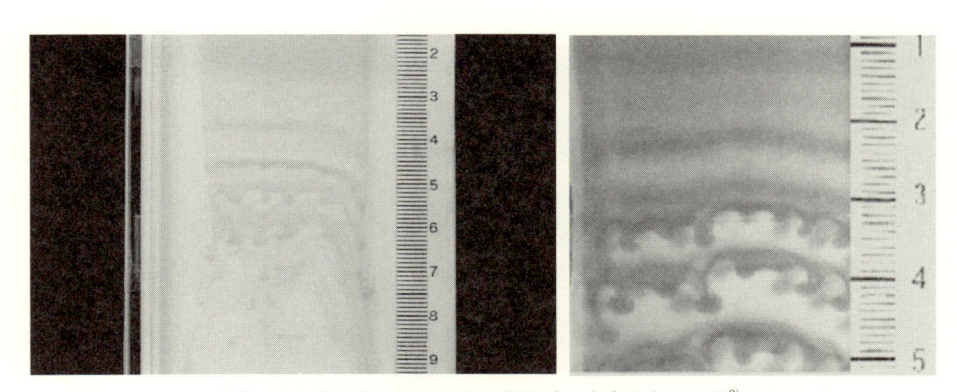

図3.15 反応性流れにおける複雑系不安定現象の一例[2]

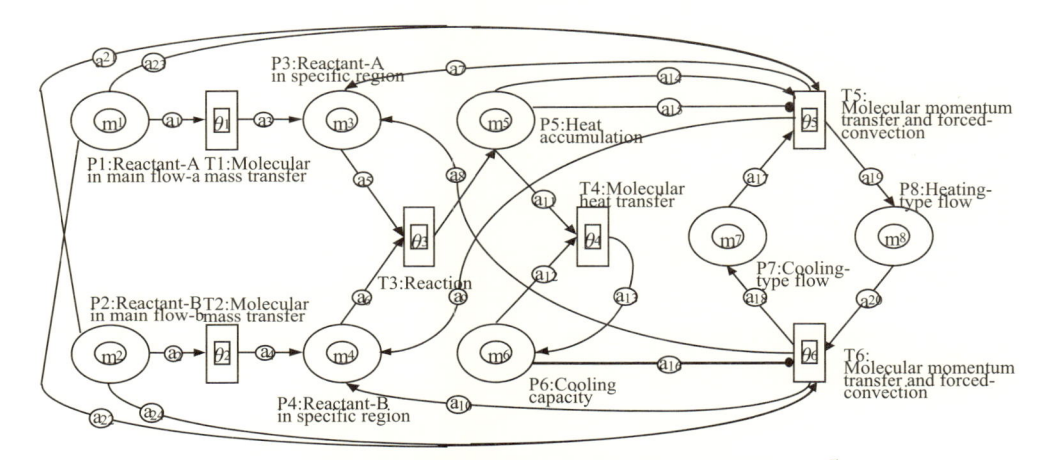

図3.16 反応性同時移動現象における振動現象のTPNモデリング[7]

える）が振動周波数に影響する」などの定性的な解析結果が得られる．また，不安定性を抑止するための条件の探索や，振動を混合操作に積極的に利用するための指針の探索を通して，現象解析にとどまらず装置の設計や操作の検討に発展させることができる．

3.4 マルチエージェントモデリング

複雑システムにおいては，構成要素間の相互作用の結果として系全体では思いがけない複雑な挙動が現れることがある．このような要素間の相互作用の影響を複雑システム全体として分析するためにマルチエージェントモデリング（multi-agent modeling）方法が有用である．個々のエージェント（agent）を系の構成要素とし，エージェント間の相互作用をモデル化することによって系全体の挙動をシミュレーションにより解析するものである．すなわち，複雑なすべての制約や挙動を説明することが難しいシステムにおいて，複数のエージェントの自律的行動結果としてシステム全体の創発（emergence）的挙動を研究する方法として有用である．同方法は1980年代の人工知能研究の分散知能計算手法に始まると考えられ，マルチエージェントシステムのもつ頑健性（robustness），柔軟性（flexibility），分散性（decentralization）といった性質から，新しいボトムアップ的なモデリング方法として期待されている[8]．

3.4.1 エージェントの定義と枠組み

エージェントは，辞書においては最初に「代理人」と訳されることが多いが，分野によってさまざまな意味で使用されてきた．統一的な表現として，「環境の状態を知覚し，行動を行うことによって，環境に対して影響を与えることのできる自律的主体」[9]があるが，本書における工学的なマルチエージェントモデリングについては，「外部との通信を行いながら評価や意思決定を行うことのできる情報システムモジュール」と捉えることにする．本書で述べる情報システムとしてのエージェントの枠組みは図3.17に示すように，5層の情報処理機能から構成されている．

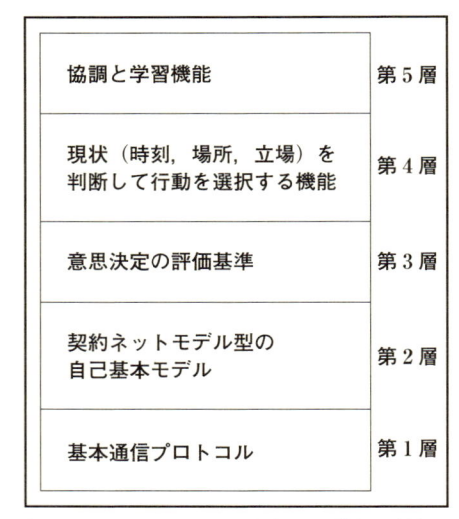

協調と学習機能	第5層
現状（時刻，場所，立場）を判断して行動を選択する機能	第4層
意思決定の評価基準	第3層
契約ネットモデル型の自己基本モデル	第2層
基本通信プロトコル	第1層

図3.17 エージェントの情報処理機能の枠組み

第3層以上の処理機能は，知的エージェント（intelligent agent）としての機能であり，適応性や柔軟性の機能を実現するための仕組みである．また，上記の情報処理機能とは別に，エージェントがそれ自身の内部状態を保有していると便利であり，環境の状態に関する情報を獲得すると，その情報に基づいて内部状態を書き換え，それに基づいて意思決定を行う機能が重要である．

第2層の契約ネットモデル（contract net model）[10]の模式図を図3.18に示す．複数のエージェントが通信しながら意思決定を行うための代表的な情報処理モデルの一つであり，エージェント間の協調（協力）関係を募集メッセージ，入札メッセージ，契約メッセージなど

3.4 マルチエージェントモデリング

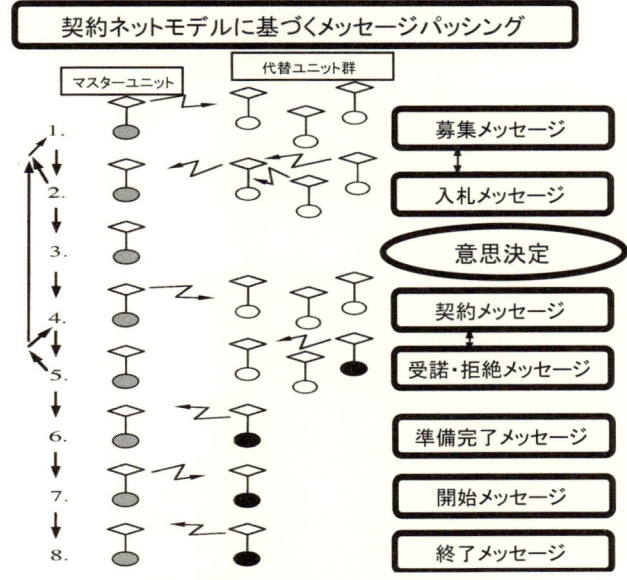

図3.18 情報交換と意思決定のための契約ネットモデル[13]

の情報交換と意思決定機能により築いていくモデルである.

3.4.2 マルチエージェントモデルの定義と枠組み

本書で述べるマルチエージェントモデルは,「複数のエージェントからなる自律分散協調的な情報システム上で,種々の情報・知識を相互につなげることのできるネットワーク型モデル」である.同モデルを用いて問題あるいは仕事(task)を解決するための枠組みを図3.19に示す.

このようなモデルによる問題解決には,利点として並列高速性,頑健性,柔軟性,拡張性,多機能性などが考えられるが,一方,最適性が十分に保てず,全体の整合性をとりにくく,簡潔性に欠けるなどの欠点があることも考慮しておくことが大事である.

3.4.3 プロセス開発への応用

プロセス開発のための問題解決の多様化と大規模化に伴い,分散型情報処理システムの重要性が高まり,要求に応じてシステム自身が必要な情報を自動的に探し出し,組み合わせてシステム構造や機能を動的に変える分散的管理を導入した自律分散協調型情報処理システムが求められている.このようなシステムの解析方法としてマルチエージェントモデリング方法が有望であり,大規模で複雑なプロセスシステムの構造・機能情報と計測・制御情報の統合化を図ったプロセス開発に威力を発揮するものと考えられる.

ここでは,多数の精密なマイクロデバイス(微細構造の単位装置)から構成されるマイクロ化学プロセス(micro chemical process)の開発研究のためにマルチエージェントモデリング方法を適用した例を挙げる[11].図3.20に示すような種々のマイクロデバイスを多数連結して,図3.21のようなコンパクトな化学プラントを構成し,精密,安全,高効率かつ柔軟な多品種少量生産を実現するためのプロセスシステム設計への応用例である.

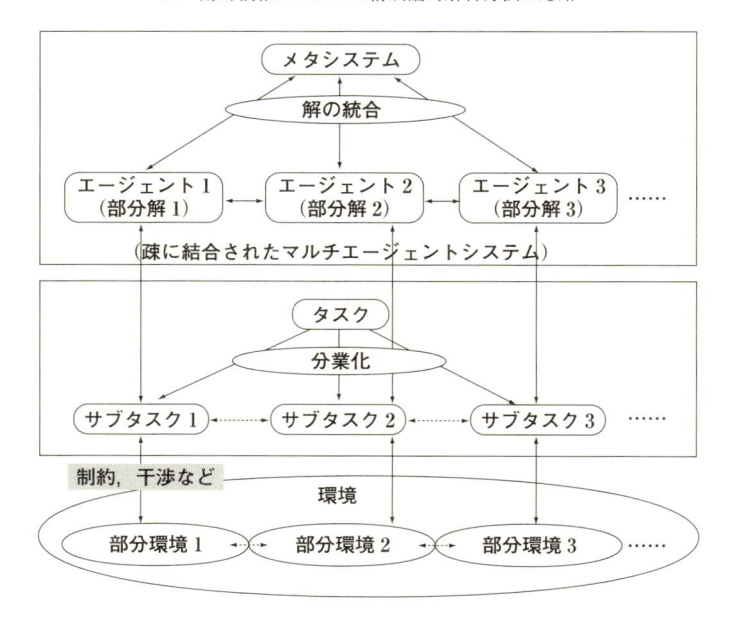

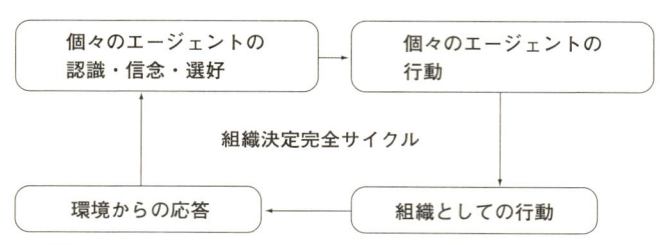

図 3.19 マルチエージェントモデルによる問題解決の枠組み

図 3.20 種々の機能をもつマイクロデバイス（Ehrfeld Mikrotechnik BTS 社（ドイツ）製品，DKSH ジャパン（株）提供）

カートリッジ反応器ユニット　スリットプレート混合器
熱交換器　粘度計

3.4　マルチエージェントモデリング

図3.21　モジュール型マイクロ化学プラント（Ehrfeld Mikrotechnik BTS 社（ドイツ）製品，DKSH ジャパン（株）提供）

マイクロ化学プロセスでは装置内の流路の比表面積が大きく熱交換効率が向上するため，精密な温度制御が可能となり，高効率で廃棄物が少ない生産を実現し，爆発性・危険性の高い生産も安全に行うことができる．一方，多品種少量生産に柔軟に対応するために，ナンバリングアップ（numbering-up）（多系列化）手法を導入するなどして，その構成要素，すなわちマイクロデバイスの数は多数となり，またそれらは生産環境の変化に応じて動的かつ複雑に連結されることになる．このような複雑なプロセスシステムの開発に際しては，各種の機能をもつマイクロデバイスを選択して連結する構造・機能設計と，適切な運転操作を実現する計測・制御系設計を並列して行うためのモデリング・シミュレーション方法が必要である[12]．

モジュール型マイクロ化学プラントの開発に，マルチエージェントモデリング・シミュレーションを適用した例を図3.22に示す．

目的製品の製造処方（recipe）を保持した製品エージェント（product agent），個々のマイクロデバイスをモデル化した装置エージェント（equipment agent），装置エージェントの集合体（プロセス）の構成を管理する組み立てエージェント（assembly agent），各種のマイクロデバイス機能のシミュレーションモデルを集積したデータベースエージェント（database agent）が情報交換，評価と意思決定を行いながら適切

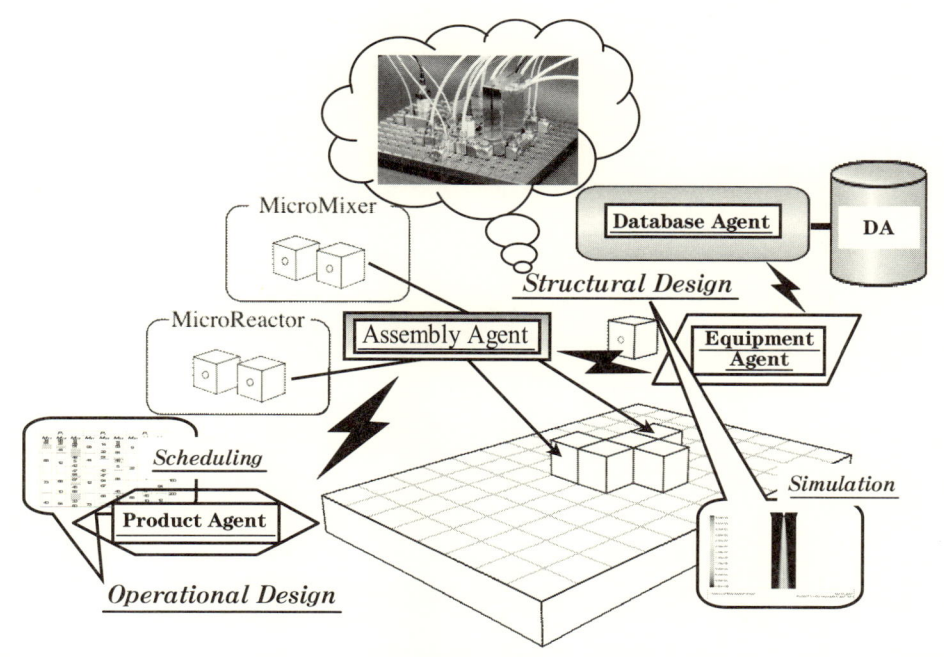

図3.22　モジュール型マイクロ化学プラントのためのマルチエージェントモデリング・シミュレーションの模式図（図中上部写真はEhrfeld Mikrotechnik BTS 社（ドイツ）製品，DKSH ジャパン（株）提供）

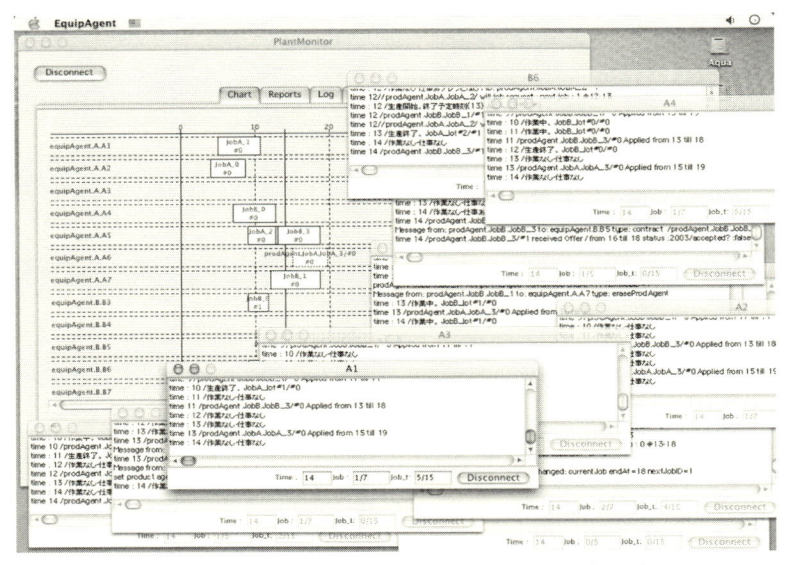

図 3.23 モジュール型マイクロ化学プラントの組み立て・運転操作設計シミュレーション

な運転操作を実現できるようにマイクロデバイスを組み立てていく過程をシミュレーションするシステムである．ここで，評価は効率，コスト，安全性の多目的評価となり，1.5.3項で述べた階層化意思決定法の導入を試みている．その際，製造処方・製品を重視した製品エージェントとデバイス・プロセスを重視した組み立てエージェント間の評価基準の相違を調整するための協調機構が重要になっている．

組み立て・運転操作設計のシミュレーション過程の一例を図3.23に示す．

運転操作を考慮したプロセスの組み立て設計の途中経過であり，右方の複数のウインドウは各エージェントの通信データの履歴を示しており，左方のガントチャート風のウインドウを通して，デバイスの種類，数，連結の仕方，運転操作のタイミングなどの情報を得ることができる．

マルチエージェントモデリングをさらに知的なものにするために，エージェントの意思決定機能に1.5.3項で述べた階層化意思決定法を活用するのが有効である．同意思決定法におけ る一対比較値をエージェントの内部状態（情報）として記憶し，環境の変化に伴いながら変更していく手法が考えられる[13]．

文　　献

1) クラウス・マインツァー著，中村量空訳 (1997)：複雑系思考，シュプリンガー・フェアラーク東京．
2) 黒田千秋，松本秀行，藤岡沙都子 (2008)："プロセス強化を目指した現象論的モデリングとシミュレーション，" 化学工学論文集，**34**(1), 1-7.
3) 松本秀行，真武和典，木村直樹，黒田千秋 (2003)："複数モデルに基づく反応性同時移動現象のハイブリッド型ダイナミックシミュレーション，" 化学工学論文集，**29**(3), 382-388.
4) H. Matsumoto, N. Komatsubara, C. Kuroda, N. Tajima, E. Shinohara and H. Suzuki (2004)："Numerical simulation of temperature distribution inside microfabricated free flow electrophoresis module," *Chemical Engineering J.*, **101**, 347-356.
5) J.L. ピータースン著，市川惇信，小林重信訳 (1984)：ペトリネット入門，共立出版．
6) 離散事象システム研究専門委員会編 (1992)：ペトリネットとその応用，pp. 65-72, 計測自動制御学会．
7) C. Kuroda and K. Ogawa (1994)："Nonlinear waves in a shear flow with a diffusive exothermic reaction and its qualitative reasoning," *Chemical Engineering Science*, **49**(16), 2699-2708.

文　　献

8) M. N. Huhns and M. P. Singh eds. (1998) : Reading in Agents, Morgan Kaufmann Publishers.
9) 大内　東, 山本雅人, 川村秀憲 (2002): マルチエージェントシステムの基礎と応用, pp. 1-15, コロナ社.
10) R. G. Smith (1980) : "The contract net protocol : high-level communication and control in a distributed problem solver," *IEEE Trans. Comput.*, **C-29**(12), 1104-1113.
11) 木村直樹, 松本秀行, 黒田千秋 (2006): "マイクロ化学プラントのための協調型シミュレーションモデル取得機構," 人工知能学会論文誌, **21**(1), 36-44.
12) 化学とマイクロ・ナノシステム研究会監 (2004): マイクロ化学チップの技術と応用, pp. 163-167, 丸善.
13) C. Kuroda and M. Ishida (1993) : "A Proposal for decentralized cooperative decision-making in chemical batch operation," *Engng. Applic. Artif. Intell.*, **6**(5), 399-407.

4

複雑システム解析の展開

第4章の記号一覧

A	混合行列
A_i, B_i	i番目のルールの前提
b_i	回帰式中のパラメータ，コードの要素
c_{am}	付加量
c_i	ガウス関数の中央値
C	負荷量行列
C_A	合計最大使用可能コスト
C_i	i番目のクラス
C_N	合計処理コスト
D	距離
e	偏差
e_i, f_i	予測誤差
E	推定二乗誤差
E, F	誤差行列
$f(z)$	特性関数
G_C	コントローラの伝達関数
G_P	プロセスの伝達関数
I	スケジュール結果の評価値
J_k	k番目の仕事
K	ゲイン
K_P	比例ゲイン
L	無駄時間
M	目的変数の個数
M_i	勝者ノード，最類似ノード
$M_{i,j}$	工程P_iにおけるj番目の装置
N	データサンプルの個数
N_A	潜在変数の個数
N_C	クラスの個数
N_K	説明変数の個数
N_M	制御区間
N_P	予測区間
N_U	ノードの個数
p	データの次元
p_{ak}	負荷量
p_i, q_i, r_i	後件部のパラメータ
P	負荷量行列
P_i	i番目の工程
PDI	多分散度
P_0, Q_0, R_0	重み係数行列
Q	統計量
r	設定値
R	主成分数
s_i	独立成分
$\mathbf{s}$	独立成分ベクトル
S_B	クラス間共分散行列
S_W	クラス内共分散行列
t	時刻
t_{ia}	潜在変数，主成分得点（スコア）
$\mathbf{t}_a$	スコアベクトル
T	スコア行列
T^2	統計量
T_A	すべての仕事を処理するために設定した制限時間
T_d	遅れ時間
T_D	微分時間
T_I	積分時間
T_N	すべての仕事を処理するのに費やした時間
u	操作変数
$\mathbf{u}$	操作ベクトル
v	速度
w_0	バイアスパラメータ
w_i	重み係数，加重乗積評価の重み
$\mathbf{w}$	重み係数ベクトル，主成分軸
W	重み係数行列，分離行列
x	入力，説明変数

$\mathbf{x}$	入力ベクトル，データベクトル，状態変数	μ	メンバーシップ関数
X	説明変数行列	μ_i	クラスタ中心
X_m	転化率	$\boldsymbol{\mu}_i$	クラス i の平均ベクトル
y	出力，主成分軸への射影，目的変数	ε	学習係数
$\mathbf{y}$	出力ベクトル，観測ベクトル	θ	ニューロンユニットのバイアス値
y_f	判別関数	σ	標準偏差
Y	目的変数行列	τ	原料供給操作の時定数
z	ニューロンユニットの内部状態		

世の中に実在するシステムのほとんどは，大規模かつ複雑なシステムであり，その解析にはシステマティックな方法論が必要である．対象が大規模かつ複雑な場合，物理的あるいは化学的な法則などに基づいて解析することは困難な場合が多く，データに基づいたモデル化と解析が中心的な役割を演じることとなる．化学プラントに代表されるさまざまなプロセスシステムも大規模複雑なシステムの代表的な例であり，その解析にはデータに基づく解析がきわめて有用である．本章では，大規模データの取り扱いに関する一般論についてデータマイニングの観点からまとめた後，プロセスシステムの解析への展開の一端を述べることとする．

4.1 大量データからの情報抽出

大量のデータ（big data）から情報や知識を得ようとする技術は，データベースからの知識発見（Knowledge Discovery in Databases；KDD），あるいはデータマイニング（Data Mining；DM）と呼ばれ，いろいろな分野で広く用いられている．KDD やデータマイニングは Fayyad (1996)[1] によると，以下のように定義されている．

- KDD とは，妥当性・新規性・潜在的有用性・理解可能性のあるパターンをデータから同定するための自明でないプロセスである
- データマイニングとは，KDD プロセスの

一つのステップであり，計算効率を考慮しながらデータ解析と知識発見のアルゴリズムを適用して，データに含まれる特定のパターンを数え上げ抽出するものである

4.1.1 大量データの解析手順

データからの知識発見は，複雑なプロセスであるが，一般に，以下のようなプロセスを経て行われるとされている[1,2]（図 4.1）．

1) 適用対象の理解を深め，データを収集し，データベースを構築する
2) データクリーニングを施すための選択操作を前処理として行う（selection）
3) 次元の低減などのデータの変形操作を施す（preprocessing/transformation）
4) データマイニングアルゴリズムを実行する（data mining）
5) 生成されたルールの解釈と検証を行う（interpretation/evaluation）
6) ルールの評価を行い，知識とする

実際には，十分な結果が得られるか，解析を放棄するまで，これらのステップの任意の部分が繰り返されることになる．

知識発見のプロセスはこのように分類整理されるが，このうち，もっとも特徴的なのはデータマイニングの部分である．これまで，人工知能（Artificial Intelligence；AI）や機械学習（machine learning）の分野を中心に，さまざまな手法が提案されている．その主な手法を分類整理

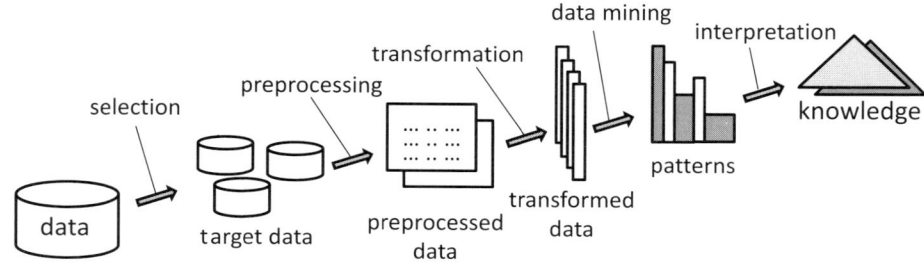

図 4.1 知識発見のプロセス

すると，たとえば以下のようにまとめることができる．

1) クラス分類型（classification）：データをあらかじめ定めたいくつかのクラスに分類するもの
ニューラルネットワーク（教師付き），決定木に基づく分類手法，判別分析，ルール発見型の手法，確率的手法などがある

2) 回帰分析型（regression）：データ中の目的変数と説明変数との関係を近似的に表現する回帰式を求めるもの
単回帰，重回帰，線形回帰，非線形回帰，PLS回帰などがある．回帰式中のパラメータ推定方法として最小二乗法が有名

3) クラスタリング型（clustering）：データを記述する有限個のカテゴリーの集合を同定するもの
ニューラルネットワーク（教師無し），k-means法，確率的手法などがある

4) 相関ルール導出型（association）：頻繁に出現するアイテムの組合せであることを保証する支持度（support）と，ルールの強さに対応する確信度（confidence）とをもとに優位な相関ルールを求めるもの

5) 視覚化型（visualization）：データをわかりやすく表示して対話的に支援するもの

6) その他

教師データをうまく用意することができる場合には，クラス分類型の手法がよく利用されている．事前知識があまりない場合や構造がはっきりしない場合には，クラスタリング手法などが有効である．商用あるいはフリーソフトとして，さまざまなツールも開発されている[3,4]．ツールの実際の利用においては，取り扱う問題に応じて，どの手法を使うべきかをよく考える必要がある．

以下，この節では，データマイニングにおいて用いられる代表的ないくつかのアルゴリズムについて，簡単に解説することとする．なお，ニューラルネットワークについては，4.2節で別途解説する．

4.1.2 統計解析と回帰分析

古くから知られているさまざまな統計解析（statistical analysis）は，今日のデータ解析においても有効な手法であり，ほかの手法による解析の前にあらかじめ適用されることも多い[5]．回帰分析（regression analysis），相関分析（correlation analysis），分散分析（ANalysis Of VAriance；ANOVA），統計的仮説検定（statistical hypothesis testing）などの統計解析手法はさまざまな分野で広く用いられている．データの欠損や分解能の不足などの不完全なデータの問題も，統計解析的な手法によってあらかじめ発見したり除外したりすることが可能である．

与えられたデータ中のある変数の値が，ほかの変数によって記述された式によって表現できるかどうかを分析する回帰分析はもっともよく用いられている解析手法の一つである．このとき，求めようとする変数を目的変数（object variable；または従属変数（dependent variable）），目的変数を表現するために使われる変数を説明変数（explanatory variable；または独立変数（independent variable））と呼ぶ．説明変数が一つの場合を単回帰分析（single regression），複数の場合を重回帰分析（multiple regression）と呼ぶ．データを次式の直線で近似する線形単回帰分析（single linear regression；または直線回帰）はきわめて広く利用されている．

$$y_i = b_0 + b_1 x_i + e_i \quad (4.1)$$

パラメータ b_0, b_1 を求めるためには，予測誤差 e_i の二乗和を最小とするように計算する最小二乗法（least squares method）が一般に広く用いられている．対数曲線や二次曲線などに回帰する非線形回帰（nonlinear regression）もよく用いられている．線形最小二乗法では解析解が容易に得られるが，非線形最小二乗法（nonlinear least squares）では一般に解析解は得られないため，パラメータの値を求めるためには数値計算による最適値の探索（2.7節参照）が必要となる．

目的変数を y_i，説明変数を $x_{i_1}, x_{i_2}, \cdots, x_{i N_K}$ とすると，線形重回帰分析（multiple linear regression）では次の重回帰モデルの係数 $b_0, b_1, \cdots, b_{N_K}$ の値を N 個のデータサンプルに対する予測誤差 e_i の二乗和 $\sum_{i=1}^{N} e_i^2$ が最小となるように求めることとなる．

$$y_i = \sum_{k=1}^{N_K} b_k x_{ik} + e_i \quad (4.2)$$

変数間の相関性が高い場合には重回帰では推定精度が悪くなってしまうという多重共線性（multicolinearity）の問題があり，この問題を回避するために PLS（Partial Least Square；または Projection to Latent Structure）回帰が開発されている[6, 7]．PLS 回帰では，データをそのまま使う代わりに潜在変数（latent variable）を計算してその潜在変数への回帰を行う点が重回帰と異なる．説明変数 x_{ik}（$i=1, \cdots, N$；$k=1, \cdots, N_K$）と目的変数 y_{im}（$m=1, \cdots, M$）を，スコア（score）と呼ばれる N_A 個の潜在変数（の推定値）t_{ia}, u_{ia}（$a=1, 2, \cdots, N_A$）によって次式のように表現する．

$$x_{ik} = \sum_{a=1}^{N_A} t_{ia} p_{ak} + e_{ik} \quad (X = TP^T + E) \quad (4.3)$$

$$y_{im} = \sum_{a=1}^{N_A} u_{ia} c_{am} + f_{im} \quad (Y = UC^T + F) \quad (4.4)$$

なお，括弧内の式はそれぞれの式を行列表現で記述したものであり，X は x_{ik} を要素とする N 行 N_K 列の説明変数行列，Y は y_{im} を要素とする N 行 M 列の目的変数行列，E, F はそれぞれ e_{ik}, f_{im} を要素とする誤差行列である．また，P, C や対応する要素 p_{ak}, c_{am} は負荷量（loading）と呼ばれている係数である．スコア行列 T の各列に対応するベクトル $\mathbf{t}_a = (t_{1a}, t_{2a}, \cdots, t_{Na})^T$ は互いに直交しており，説明変数の線形結合で推定される．U については直交の制約はない．

$$t_{ia} = \sum_{k=1}^{N_K} x_{ik} w_{ka} \quad (T = XW) \quad (4.5)$$

結合重み $\mathbf{w}_a = (w_{1a}, w_{2a}, \cdots, w_{N_K a})^T$ は，次式のように目的変数との共分散 cov( ) が最大となり，かつ，潜在変数どうしが互いに無相関になるように決められる．

$$\mathbf{w}_a = \arg\max\{\mathrm{cov}(\mathbf{t}_a, \mathbf{u}_a)\}$$
$$= \arg\max\{\mathrm{cov}(X\mathbf{w}_a, \mathbf{y}_a)\} \quad (4.6)$$

$$\mathbf{w}_a^T \mathbf{w}_j = \begin{cases} 1 & a = j \\ 0 & a \neq j \end{cases} \quad (4.7)$$

4.1.3 次元の低減と主成分分析

データ解析においては，大量のデータの中から目的とする解析により注目できるようにしたり，特徴的パターンを取り出したり，取り扱うデータ量を減らしたりするためにさまざまな前処理が行われる．これは，4.1.1項で述べた知識発見プロセスの第3ステップに対応する処理である．その際には，第2章で述べた離散化や定性化，スペクトル解析や各種フィルターなども有用である．ほかに，取り扱う変数の数を低減させるために，主成分分析（Principle Component Analysis；PCA）や独立成分分析（Independent Component Analysis；ICA）に代表される次元の低減化手法もよく用いられる[6,7]．

主成分分析では，互いに無相関の成分（主成分）を取り出して，それらの成分の線形結合で観測値を説明する．図4.2に示すようにp次元空間における主成分の軸を$\mathbf{w}_1, \mathbf{w}_2, \cdots, \mathbf{w}_R$とする（図は2次元の場合）．点$\mathbf{x} = (x_1, x_2, \cdots, x_p)^T$の第$i$主成分軸への射影（第$i$主成分）$y_i$ ($i=1, 2, \cdots, R$)は次式のように与えられる．

$$\begin{cases} y_1 = w_{11}x_1 + w_{12}x_2 + \cdots + w_{1P}x_p = \mathbf{w}_1^T \mathbf{x} \\ y_2 = w_{21}x_1 + w_{22}x_2 + \cdots + w_{2P}x_p = \mathbf{w}_2^T \mathbf{x} \\ \vdots \\ y_R = w_{R1}x_1 + w_{R2}x_2 + \cdots + w_{RP}x_p = \mathbf{w}_R^T \mathbf{x} \end{cases}$$
(4.8)

ただし，

$$\mathbf{w}_i^T \mathbf{w}_j = \begin{cases} 1 & i=j \\ 0 & i \neq j \end{cases}$$
(4.9)

このとき，一般に$R<p$とし，p個の変数のもつ情報をR個の主成分で表現することによって次元を低減している．主成分分析とは，各主成分の分散が最大となるようにベクトル$\mathbf{w}_1, \mathbf{w}_2, \cdots, \mathbf{w}_R$を求める問題であり，最適問題を解くことによって求めることができる．

$$\mathbf{w}_i = \arg \max \{\mathrm{var}(\mathbf{w}_i^T \mathbf{x})\}$$
(4.10)

ここで，varは分散を表している．導出は省略するが，この最適問題の解は，分散行列の最大固有値からR番目までの固有値に対応する固有ベクトル$\mathbf{w}_1, \mathbf{w}_2, \cdots, \mathbf{w}_R$となる．

すでに主成分軸が求まっていれば，k番目のサンプル$\mathbf{x}_k$に対応する第i主成分の値は次式で求まることとなり，これを第i主成分得点（score）と呼ぶ．

$$t_{ki} = \mathbf{w}_i^T \mathbf{x}_k$$
(4.11)

一方，独立成分分析では，互いに独立な成分の線形結合でデータを説明する．

$$\mathbf{x} = A\mathbf{s}$$
(4.12)

ここで，$\mathbf{s} = (s_1, s_2, \cdots, s_n)^T$は独立成分と呼ばれる未知の成分ベクトルであり，$s_i$と$s_j$は互いに独立（$i \neq j$）である．$A$は正方行列であり混合行列（mixing matrix）と呼ばれる．独立成分分析とは，$\mathbf{s} = W\mathbf{x}$となるような分離行列（demixing matrix）WをA^{-1}の推定値として求めることである．分離行列Wを求める方法はいくつか提案されているが，カルバック-ライブラー（Kullback-Leibler；KL）情報量を最小とする最適解を最小勾配法で探索する方法がよく用いられている．また，分離行列を探索する前にPCAを用いて観測データを無相関とする白色化を行うことによって（pre-whitening），ICAの最適解を探索する際の収束を早くできる．

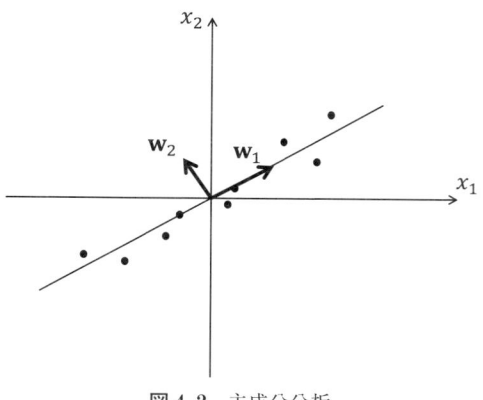

図4.2 主成分分析

なお，次元の低減とは逆に，データを高次元のベクトル空間へ写像して解析しやすくするカーネル法（kernel method）も，最近はよく利用されるようになってきている．この手法では，写像した高次元のベクトル空間における内積が高次元空間内の演算をせずに計算できるため，写像後の空間でさまざまなデータ解析手法を適用できる（これをカーネルトリック（kernel trick）と呼ぶ）．その結果，たとえば，元のベクトル空間では線形モデルで表現できないような非線形なデータでも，写像後の空間では線形モデルで表現できるようになる．これまで，カーネル PCA，カーネル ICA などのさまざまな手法が開発されている．

4.1.4 クラス分類型の手法と判別分析

知識発見プロセスの第4ステップで用いられるクラス分類型手法とは，いくつかのクラスごとに得られている過去のデータに基づき，新しく得られたサンプルがどのクラスに属すかを判別（予測）する手法である．当初，音声認識，文字認識，画像認識などのパターン認識の分野を中心に研究され発展してきた[8, 9]．たとえば，音声認識の分野では，DTW (Dynamic Time Warping) や隠れマルコフモデル (Hidden Markov Model；HMM) といった代表的な手法が生まれた．これらの手法は，プラントの運転データのような時系列データ一般の解析に有用なツールとなっている．

これまで，さまざまなクラス分類型の手法が提案されているが，古典的かつ有用なアプローチの一つに判別分析（discriminant analysis）がある．一般にクラス分類型の手法では，どのクラスに属すかを判別するための基準を作ることが課題である．判別分析では，N_D 次元の入力ベクトルを分離する N_D-1 次元の超平面として適切な判別関数（discriminant function）を過去のデータから作成し，それによって直接新しいサンプルを判別する．二つのクラスに分ける問題を考えると，サンプルが判別関数として表された超平面のどちら側にあるかによってどちらのクラスに属するかが判別できることになる．入力ベクトルが2次元の場合を例とすると，判別関数は直線となり，図4.3のようなデータであれば適切な直線によってデータを分離できる．いろいろな判別関数 y_f が考えられるが，もっとも簡単なのは入力ベクトル $\mathbf{x}$ の線形結合で与えられる線形判別（linear discriminant）である．

$$y_f(\mathbf{x}) = \mathbf{w}^T\mathbf{x} + w_0 \qquad (4.13)$$

ここで，$\mathbf{w}$ は重みベクトルであり，w_0 はバイアスパラメータと呼ばれる．

この判別関数を決定するための方法としては，クラス間共分散行列（between-class covariance matrix）S_B の（総）クラス内共分散行列（within-class covariance matrix）S_W に対する比を最大とするように求める Fisher の評価基準がよく知られている．

$$\mathbf{w} = \arg\max\left\{\frac{\mathbf{w}^T S_B \mathbf{w}}{\mathbf{w}^T S_W \mathbf{w}}\right\} \qquad (4.14)$$

ここで，クラス C_1 および C_2 における各変数そ

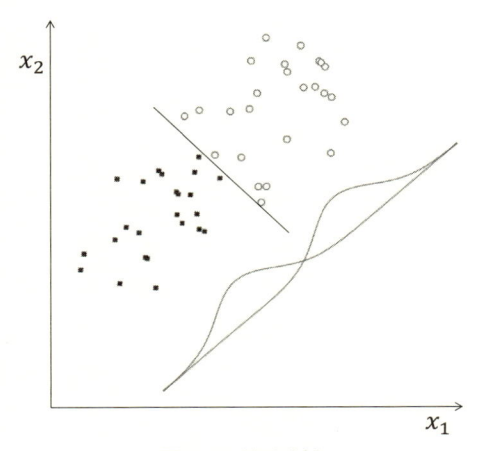

図 4.3 判別分析

れぞれの平均ベクトルを μ_1, μ_2 とすると，S_B, S_W はそれぞれ次式で定義される．

$$\mu_i = \frac{1}{n_i} \sum_{k \in C_i} \mathbf{x}_k \quad (i=1, 2) \tag{4.15}$$

$$S_B = (\mu_1 - \mu_2)(\mu_1 - \mu_2)^T \tag{4.16}$$

$$S_W = \sum_{k \in C_1} (\mathbf{x}_k - \mu_1)(\mathbf{x}_k - \mu_1)^T + \sum_{k \in C_2} (\mathbf{x}_k - \mu_2)(\mathbf{x}_k - \mu_2)^T \tag{4.17}$$

決定木の機能学習もクラス分類型の代表的手法の一つである．決定木（decision tree）とは，分類のための判断を階層化して木のように表現したものであり，木の根（root）から葉（leaf）までに表されている各段階の判断を繰り返して実行していくことによって，データを分類していくクラス分類手法である．たとえば，図 4.4 のような決定木が与えられていれば，圧力や温度の値を用いて，正常なのか異常なのかの判断ができることになる．

与えられたデータから，決定木を構築するためには，どの変数をどのような順番でどのように分類していけばよいかを決める必要がある．そのためには，何らかの基準でもっともよいと思われる分割を選び，その後は，分割されたそれぞれの部分問題を同様にして分割していくことを再帰的に繰り返していくといった方法が用いられる．このような手法は，一般に帰納学習（inductive learning）と呼ばれている．決定木を構築する著名なアルゴリズムとしては，CART，ID3，C4.5 などがある．それぞれの手法において最適な分割を選ぶ際の基準としては，CART では Gini インデックス，ID3 では情報利得（information gain），C4.5 では情報利得比（information gain ratio）が利用されている．

クラス分類型手法のほかの代表的な手法として，最近傍法（nearest neighbor）もよく用いられる．この手法は，決定木のように，訓練データからあらかじめ分類方法を決めることはせずに，訓練データを単純にデータベースに保存しておいて，判定する際にその都度データベース中のもっとも近い訓練データを探索してそのクラスを答えるといった手法である．もっとも近い一つのデータではなく，もっとも近いものから k 個のデータを使ってクラスを答える方法を k-近傍法（k-Nearest Neighbor；k-NN）という．最近傍法は k-NN の $k=1$ の場合である．距離の計算には，数値データであれば，ユークリッド距離（Euclid distance）やマハラノビス距離（Mahalanobis distance）などが用いられる．単純なわりにうまく機能する場合が多いが，データが少ない場合やノイズのある場合には推定精度が著しく劣化してしまう欠点がある．

4.1.5 クラスタリング型手法

それぞれのデータがどのクラスに属している

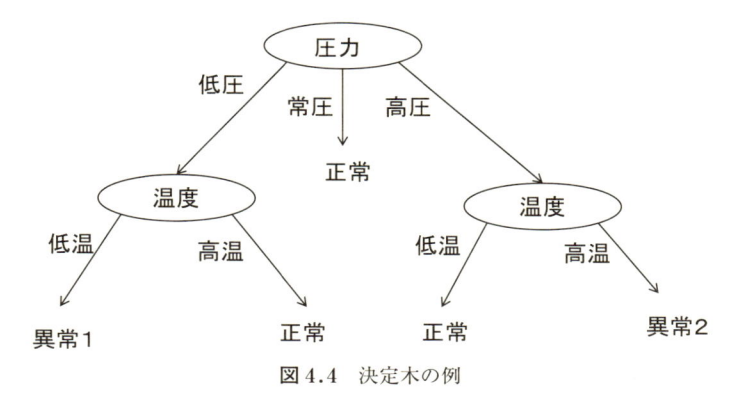

図 4.4 決定木の例

かという予備知識なしに，データに含まれる情報だけからデータをいくつかのクラス（クラスタ；cluster）に分類する方法がクラスタリング型の手法である（segmentation とも呼ばれる）．さまざまな方法があるが，その代表的な手法の一つに k-means 法がある．

k-means 法は，あらかじめ指定した数 N_c 個のクラスタにデータ x_i を適当に分割し，その各クラスタ内でクラスタ中心（cluster center）μ_c を求め，その中心を使って再度クラスタに分割しなおすという手順を繰り返してクラスタリングを行う手法である．計算の具体的アルゴリズムは以下のようになる．

1) データの中から k 個のデータをランダムに選び，初期クラスタ中心とする
2) すべてのデータについて各クラスタ中心との距離 $D(x_i, \mu_i)$ を計算し，もっとも近い中心を含むクラスタに割り振る
3) あらためて各クラスタの中心をそれぞれ求める
4) クラスタに変化がなくなるか，最大反復回数を超えるまで 2〜3 を繰り返す

この手順によって，$\sum_{k\in 1}^{N_c}\sum_{x_i\in C_k}(D(x_i,\mu_i))^2$ の値が単調に減少することになる．

実際には，異なる初期クラスタに対して上記のアルゴリズムを複数回適用して最適解を選ぶ場合が多い．なお，距離については，ユークリッド距離やマハラノビス距離などさまざまな距離が用いられている．

4.2 経験的ネットワークモデリング

システムの入出力関係を表すデータが，実験などによって十分得られていれば，その関係は人工ニューラルネットワーク（Artificial Neural Network；ANN）によってモデル化することができる場合が多い．本節では，ニューラルネットワークによるモデリングについて，教師付きニューラルネットワークを中心に解説する．

4.2.1 教師付きニューラルネットワーク

ニューラルネットワークは，人間の神経細胞のはたらきを単純化して模倣することから生まれた入出力関係を記述するモデルである[10]．単純なユニットを複雑に結合させ，さらにその結合に調整パラメータとしての結合重みを定義したものであり，データに基づいてあらかじめ結合重みを学習させることによって，さまざまな非線形特性を近似できる並列モデルが得られる．

ニューラルネットワークの最小単位はニューロン（neuron）である．脳内には何種類ものニューロンが存在しており，中にはかなり高級な機能をもったものも知られている．しかし，人工ニューラルネットワークで対象としているニューロンは，通常は図 4.5 に示すような単純な構造のものである．このモデルとして，図 4.6 に示すような多入力一出力の人工ニューロンユニットを用いる．

生体のニューロンは，神経繊維とシナプス（synapse）結合を介して複雑に結合しており，シナプス強度が結合の重みを制御している．人工ニューラルネットワークでは，ユニット間は線で結合されており，入力信号 x_i はその上を一方向にのみ伝わり，重み（weight）w_i を付けられてユニットに入力される．各ユニットは

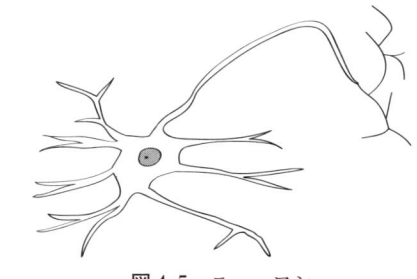

図 4.5　ニューロン

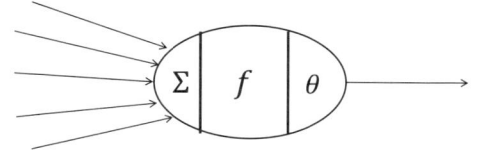

図 4.6　ニューロンの数理モデル

$w_i x_i$ の総和を内部状態 z としてもち，特性関数（characteristic function；または活性化関数）f により変形されて出力され，これが次のユニットへの出力 y_i として伝わっていく．

$$y_i = f(z) = f\left(\sum_i w_i x_i + \theta_i\right) \qquad (4.18)$$

ここで，θ_i はユニットのバイアス値であるが，これは，常に 1 の値を出力するユニットからの結合重みと考えると省略することができる．特性関数としては，次式のシグモイド関数（sigmoid function）

$$f(z) = \frac{1}{1 + \exp(-z)} \qquad (4.19)$$

またはステップ関数（step function）を利用するのがもっとも一般的である．

図 4.7 に示すように，ユニットが層状に配置されているようなニューラルネットワークを階層型ニューラルネットワーク（multi-layer neural network）と呼び，さまざまなタイプのニューラルネットワークの中でこの型のものがもっともよく用いられている（図は 3 層型）．各層は，入力層（input layer），複数の隠れ層（hidden layer）または中間層，出力層（output layer）と呼ばれる．入力層と出力層のユニットの個数は入出力変数の個数となるが，隠れ層ユニットの個数や層の数は任意に設定できる．ユニット数が多いほど訓練データを忠実に再現できるようになるとも考えられるが，多すぎるとノイズに弱くなったり訓練データ以外に対応しなくなったりといった過学習（over training）と呼ばれる問題もあり，適切な数を選ぶ必要がある．ネットワークの構造とその結合の重みがすべて決まっていれば，与えられた入力 $\{x_k\}$（$k = 1, \cdots, n$）から出力 $\{y_k\}$（$k = 1, \cdots, m$）が計算できることになる．つまり，ニューラルネットワークを，入出力関係を表現するブラックボックスモデルとして使うことができる．第 l 層の k 番目のユニットの出力 $y_k^{(l)}$ は，次式のように表現される．

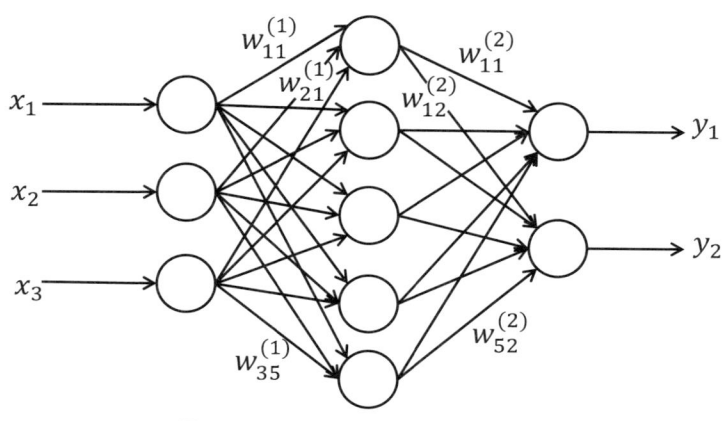

図 4.7　階層型ニューラルネットワーク

$$y_k^{(l)} = f(\mathbf{w}_k^{(l)} \mathbf{y}^{(l-1)}) = f\left(\sum_{j=1}^{n_{l-1}} w_{kj}^{(l)} y_j^{(l-1)}\right) \quad (4.20)$$

ここで，m 層のニューラルネットワークにおいて，出力の観測値を z とすると，推定の二乗誤差 E は次式で定義できる．

$$E(\mathbf{y}) = \frac{1}{2}\|\mathbf{z}-\mathbf{y}^{(m)}\|^2 = \frac{1}{2}\sum_{i=1}^{n_m}(y_i^{(m)} - z_i)^2 \quad (4.21)$$

モデルの入出力関係を観測データに近づけるには，この値が小さくなる方向に重み $\mathbf{w}$ を変化させていけばよいことになる．E が $\mathbf{w}$ について2階微分可能ならば，

$$\Delta \mathbf{w} = -\varepsilon \frac{\partial E(\mathbf{w}_0)}{\partial \mathbf{w}} \quad (4.22)$$

$$\mathbf{w}_1 = \mathbf{w}_0 + \Delta \mathbf{w} \quad (4.23)$$

として重みベクトルを更新していけばよい．ここで ε は学習係数（learning rate）と呼ばれ，学習速度を調整するパラメータである．通常，入出力の観測データに対して，必要な精度が得られるまで多数回繰り返して更新を行っていくことになる．このような重みベクトルの更新をニューラルネットワークの学習（learning）と呼ぶ．E について最急降下法を用いて $\mathbf{w}$ を変化させる方法として，次の誤差逆伝搬法（error Back Propagation method；BP）が広く用いられている．

（BP アルゴリズム）

$$\Delta \mathbf{w}_i^{(l)} = -\varepsilon \frac{\partial E(\mathbf{y})}{\partial \mathbf{w}_i^{(l)}} = -\varepsilon e_i^{(l)} \mathbf{y}^{(l-1)} \quad (4.24)$$

ここで，

$$e_i^{(l)} = \begin{cases} (y_i^{(m)} - z_i) f'(x_i^{(m)}) & \text{for } l = m ; 出力層 \\ \sum_{j=1}^{n_{l+1}} e_j^{(l+1)} w_{ji}^{(l+1)} f'(x_i^{(l)}) & \text{for } l = 1, \cdots, m-1 \end{cases} \quad (4.25)$$

ただし，$x_i^{(l)}$ は第 l 層の i 番目のユニットに対する入力荷重和である．

$$x_i^{(l)} = \mathbf{w}_i^{(l)} \mathbf{y}^{(l-1)} \quad (4.26)$$

このようにして学習させた教師付きニューラルネットワークを用いたモデルは，学習に用いたデータについて入出力関係を近似できるようにするものであるから，学習データから外れた入力に対してはどのような出力になるかを考慮していない点に注意が必要である．

4.2.2 教師無しニューラルネットワーク

教師無しニューラルネットワーク（unsupervised neural networks）と呼ばれる手法も開発されている．その代表的手法は，自己組織化マップ（Self Organizing Map；SOM）や ART（Adaptive Resonance Theory；ART）ネットワークであり，いずれも，入力信号だけに基づいてカテゴリーを形成してくれる．教師付きニューラルネットワークがクラス分類型手法であるのに対して，教師無しニューラルネットワークはクラスタリング型の手法である．以下では自己組織化マップについて説明する．

ヘルシンキ工科大学（現在のアールト大学）の Teuvo Kohonen 教授によって提案された自己組織化マップ（SOM）は高次元のデータ間に存在する非線形な統計学的な関係を，簡単な幾何学的関係をもつ2次元平面などの低次元の像に変換する（マップ化する）ツールである[11]．高次元データの可視化ツールである SOM は，データ空間の位相，またはデータ間の距離というパターン認識においてもっとも重要な関係を保存しながら，2次元平面などにデータを圧縮するので，特徴抽出にも有用であると考えられている．

これまでにさまざまなアルゴリズムに基づく SOM が研究・開発されてきているが，本項では基本的な SOM のモデル構造とマップの形成過程（学習過程）を説明する．図4.8に示すように，SOM はノードが2次元配列されている

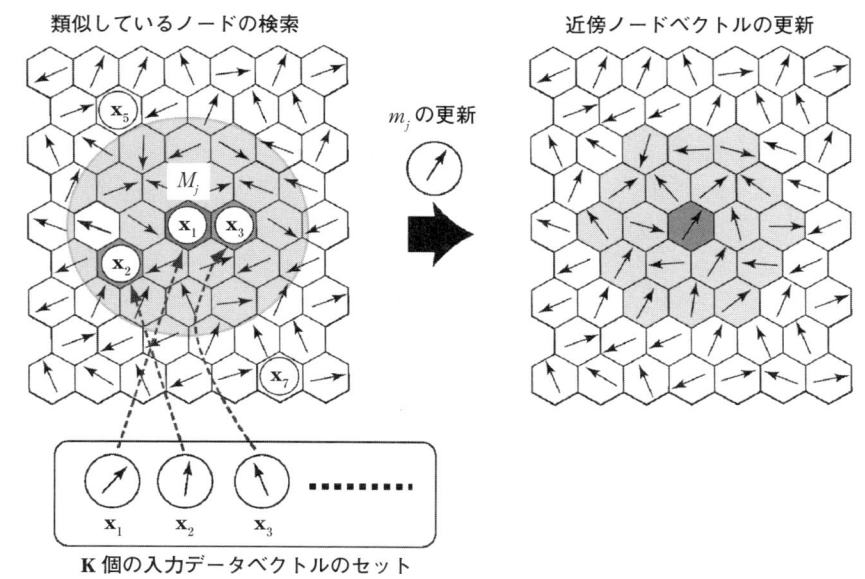

図 4.8 SOM の学習過程

構造で表される．たとえば，N_K 個の実数要素からなるベクトル $\mathbf{x}_i$（以下，「入力ベクトル」と呼ぶ）として表せるデータが N 個あり，データ間の関係を SOM によってモデル化する場合，SOM の各ノードは N_K 個の要素からなるベクトル $\mathbf{m}_j$ を示している．

$$\mathbf{x}_i = [x_{i1}, x_{i2}, \cdots, x_{iN_K}]^T \quad (i = 1, \cdots, N)$$
$$\mathbf{m}_j = [m_{j1}, m_{j2}, \cdots, m_{jN_K}]^T \quad (j = 1, \cdots, N_U)$$

なお，SOM の学習過程前における $\mathbf{m}_j$ の初期値は，ランダムに決定するが，入力ベクトル群によって網羅されているデータ空間内から選ぶことで効率よく SOM を形成しうる．

用意した入力ベクトル群で構成される空間のかたちを表すマップを形成させるためには，入力ベクトルを参考にしながら，SOM を構成する N_U 個のノードのベクトルを変更する必要がある．たとえば，ある入力ベクトル $\mathbf{x}_i$ にもっとも類似しているノード（図 4.8 においては，入力ベクトル $\mathbf{x}_1$ にもっとも類似しているノードを M_j とする）を検索する．次に，マップ中のノード M_j の近傍集合（ノード M_j を中心に，ある半径（図 4.8 中の円）までのグリッドに含まれるノードの集まり）に含まれる複数の入力ベクトルからの距離の総和が最小となるベクトル（ここでは「一番真ん中のベクトル」と呼ぶ）を見出し，ノード M_j のベクトル $\mathbf{m}_j$ を一番真ん中のベクトルに置換する．また，M_j の近傍のノードについても，一番真ん中のベクトルに近づくように，M_j との距離に応じてベクトルを更新する．このようなプロセスをすべての入力ベクトルについて多数回（数千〜数万回）繰り返すことで，入力データベクトルの空間的分布を保持したマップが形成される．

入力データベクトル群の空間的分布を保持したマップの形成プロセスを効率よく収束させるためには，繰り返し計算の中で，前述の近傍集合を決める半径や近傍ノードのベクトルの更新程度などのパラメータを変化させるアルゴリズムが重要である．そのパラメータ変化によってノードベクトルの更新を調整するアルゴリズムは，4.2.1 項で述べた教師付きニューラルネットワークの学習アルゴリズムに類似している．

また，マップ形成に用いていない新たなデータの組合せ（データベクトル）を入力すると，同データベクトルに最近接のノードがマップ上に示される．なお，この機能を「想起」(retrieval)と呼ぶ．

学習後の SOM において，隣接するノードベクトル同士の距離の変化が大きい部分をクラスタ境界とすることによってクラスタリングが可能となる．すなわち，隣接するセル間のノードベクトルのユークリッド距離をセル番号に対してプロットしたデータ密度ヒストグラムを求め，そのピークを抽出することによってクラスタ境界を求めることができる．近傍のベクトルへデータ点を割り当て，徐々にベクトルの更新を行うクラスタリングとなるので，4.1.5 項で述べた k-means 法の特殊な場合と考えることもできる．このようにして図 4.8 をもとに，ユークリッド距離を用いてクラスタリングすると，図 4.9 のようなクラスタリング結果を得ることができる．

SOM は初期ベクトルの選び方によって結果が異なり，収束するかどうかも保証されているわけではないが，視覚的にもわかりやすい結果が得られることも多く，広く利用されている．

4.3 プロセスモニタリングへの展開

複雑な対象システムについて計測 (measurement and instrumentation) を継続的に実施し，その状況を的確に把握するのがモニタリング (monitoring) である．さまざまな箇所における計測情報の時系列を対象とするため，通常，大量のデータを解析することとなる．モニタリングという用語は，さまざまな分野で広く用いられており，たとえば，環境モニタリング，健康モニタリング，放射線モニタリング，ネットワークモニタリング，市場モニタリングなどとさまざまな用法がある[12,13]．モニタリング技術は，環境，バイオ，エネルギーなどのさまざまな対象を解析・理解し制御・管理するための基盤技術であり，安全・安心な社会の実現や持続的発展可能な社会の実現に欠かすことのできない技

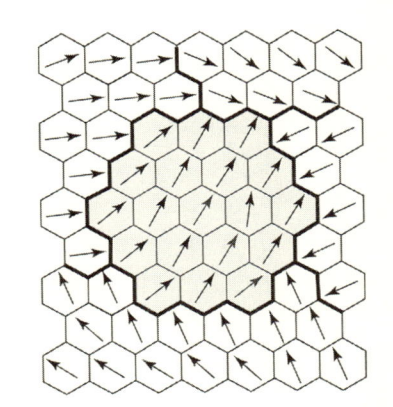

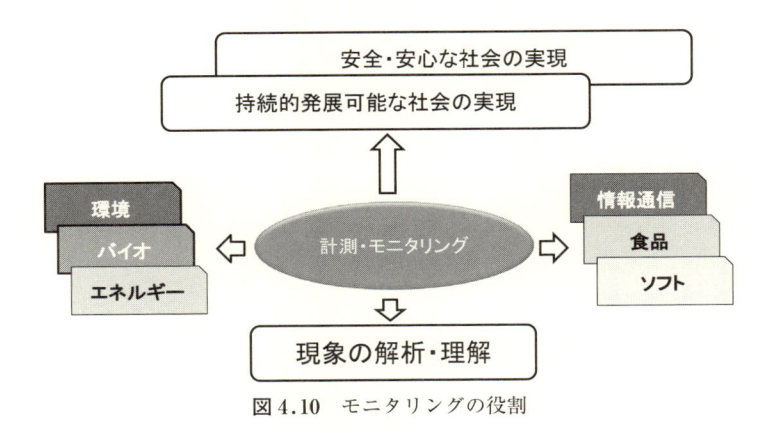

図 4.9　SOM によるクラスタリング結果

図 4.10　モニタリングの役割

化学プラントなどの運転におけるモニタリングはプロセスモニタリング（process monitoring）と呼ばれている．通常，一つのプラントの運転・制御においては，数百から数千点の測定値が毎分あるいは毎秒計測されている．これらのデータを活用して行われるプロセスモニタリングは，製品品質の維持やエネルギー効率の追求，生産管理，設備管理，安全などさまざまな観点から，プロセスシステムの運転管理において重要な役割を担っている．

その典型的なタスクの一つに，異常の検出と診断（Fault Detection and Diagnosis；FDD）がある．異常といっても大部分は望ましい運転状態から少しずれてきたことを示すものであり，その後の回復操作（fault recovery）によって望ましい運転状態に復帰させることができる場合がほとんどである（図4.11）．もっとも簡単な異常の検出手法は，温度や圧力などの特定の変数がそれぞれ管理値内にあるかどうかを継続的に監視するものである．すなわち，管理したい変数に監視上の上限値（Upper Control Limit；UCL）や下限値（Lower Control Limit；LCL）をあらかじめ設定しておき，いずれかの変数がそれらの値を超えた段階でアラームを発するといった手法であり，現在の生産現場においても広く用いられている．検出の精度や効率を上げるために，品質管理手法として知られているShewhart 管理図（control chart）や CUSUM 図（CUmulative-SUM control chart），EWMA 図（Exponentially Weighted Moving Average control chart）などの統計的プロセス管理（Statistical Process Control；SPC）も古くから用いられている．たとえば，CUSUM 図では，観測値の経時変化を直接プロットする代わりに，観測値と参照値との偏差の累積和をプロットして監視する（図4.12）．実際には，管理限界の設定や参照値のとり方，マスクの仕方などさまざまなバリエーションが開発され使われている．

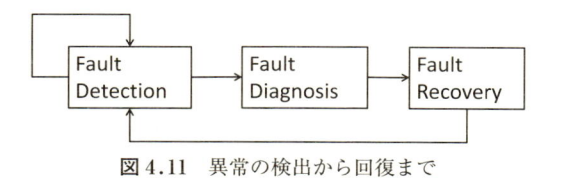

上述の方法はいずれも 1 変数ごとの監視手法であるが，相関関係なども考慮して複数の変数を同時に扱う多変数統計的プロセス管理（Multivariate Statistical Process Control；MSPC）手法などの活用も広がっている．代表的な MSPC 手法としては，4.1.2項で述べた PCA モデルを正常運転時のデータから構築し，求めたモデルに基づいて次の2種類の統計量（statistics）

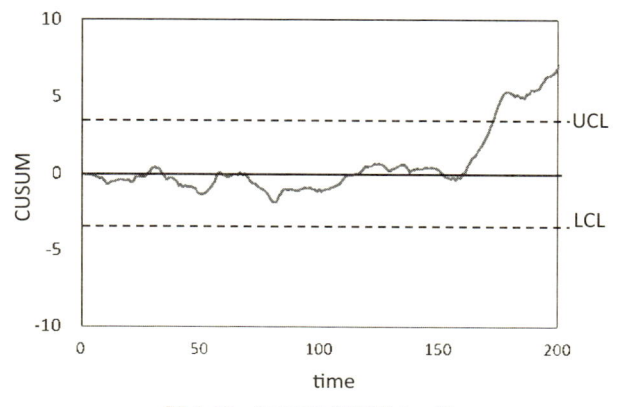

図4.11 異常の検出から回復まで

図4.12 CUSUM 管理図の一例

を時々刻々と求め，正常時のデータからどのくらい逸脱したかを判定して異常を検出する方法などがよく知られている[14,15]．

$$T^2 = \sum_{j=1}^{R} \frac{t_j^2}{\sigma_{t_j}^2} \quad (4.27)$$

$$Q = \sum_{i=1}^{p}(x_i - \hat{x}_i)^2 = \sum_{i=1}^{p}\left(x_i - \sum_{j=1}^{R} t_j \mathbf{w}_j^T\right)^2 \quad (4.28)$$

ここで，t_j は第 j 主成分得点（スコア），σ_{t_j} はその標準偏差，R はモデルで採用する主成分の数であり，T^2 は参照点からのずれ（距離）を表している．一方，Q は全変数の推定誤差 p 個の二乗和であり，PCA モデルによって表現できなかった部分を表していることになる．これらのいずれかの値が管理限界を超えた段階で異常と判定する．このような手法を用いることによって，個々の変数を別々に用いただけでは検出できなかった異常でも検出できる場合も多い．

具体的な実例として，この手法を Tennessee Eastman Process のデータ[16]に適用した場合の結果について紹介する．このプロセスは，図 4.13 に示すフローシートで表される実在したプラントについて，その詳細シミュレーションコードが公開されたものであり，異常の検出・診断やプラントワイド制御のベンチマークプロセスとしてよく使われている．ここでは，正常運転時のデータについて，22 種の計測値と 12 種の操作量の計 34 変数を入力データとして使用した．まず，正常運転時の 3 分ごとに測定したデータを 500 サンプル使い，第 13 主成分までの PCA でモデル化した．

次に，このモデルを用いて，反応器の冷却水温度がステップ的に変化するという異常（IDV(4) と呼ばれている）が発生した場合のデータについて，異常検出を試みた．適用したデータは，8 時間の時点で異常が発生した場合のデータ 800 サンプルである．図 4.14 に 22 種の計測値の経時変化を平均値と標準偏差で規格化したものを示した．ここで，縦軸は一括表示できる

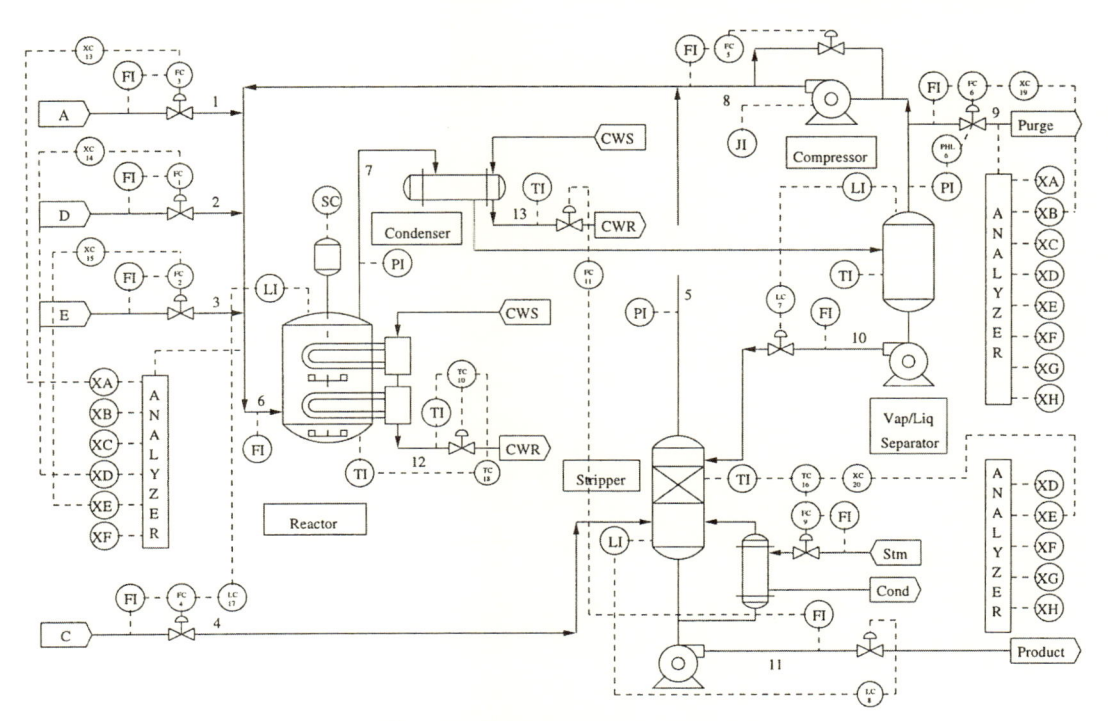

図 4.13 Tennessee Eastman Process

図 4.14 源データの経時変化

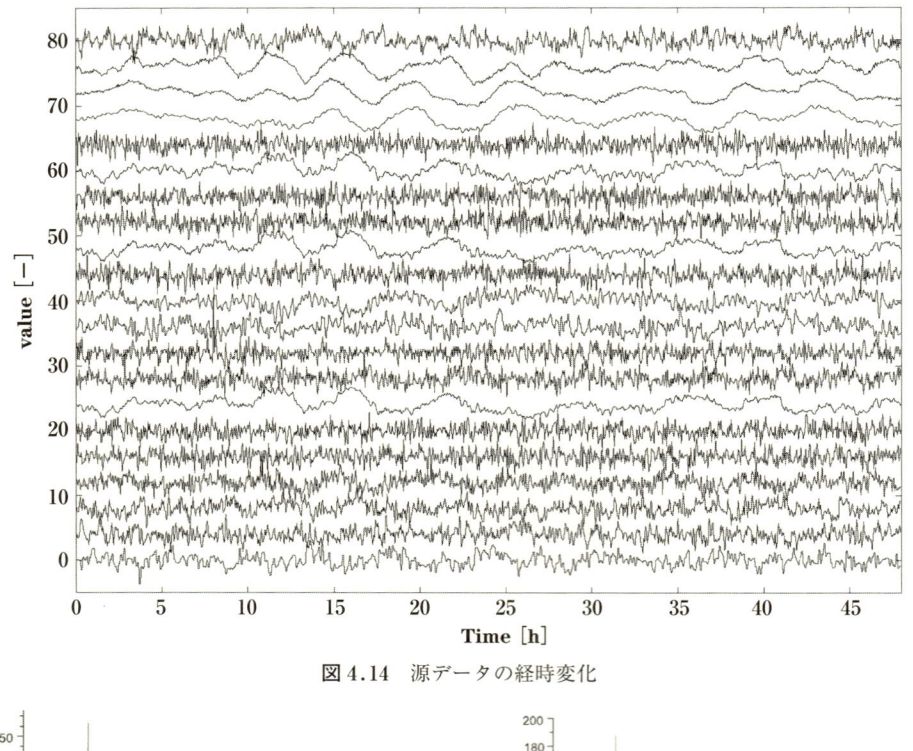

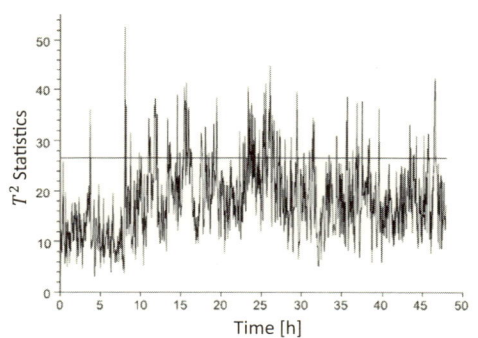

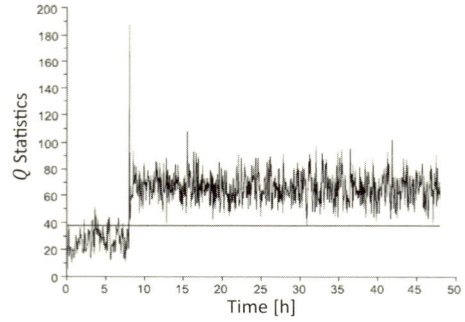

図 4.15 PCA を用いた異常検出の一例

ように少しずつずらして表示させている．この図だけからでは，8時間後に異常が発生していることはみてとれない．

このデータに対して，前述の方法によって T^2 と Q を計算し，その経時変化を示した結果を図 4.15 に示した．この図をみると，8時間後の異常の発生と同時に Q 統計量の値が大きく増加し，別途算出した閾値を超えていることより，この時点で異常が発生していることが良好に検出できる．

4.4 プロセス制御システムへの展開

プロセス制御システムはその設計から運用において，必然的にさまざまな大量の情報を取り扱うデータ解析の現場であり，その活動はDCS（Distributed Control Systems）に代表される計装制御技術に支えられている[17]．その結果として，プラントの運転活動（operation）や保全活動（maintenance）を支え，プラントの運転効率向上や高い稼働率が実現されている．

4.4.1 基本的なフィードバック制御

プロセス産業における制御系の基本は，図4.16のような構成のPID制御（Proportional-Integral-Differential control）によるフィードバック制御（feedback control）である．ここで，rは設定値（目標値），yは被制御量（観測値），uは操作量，dは外乱（disturbance）である．PID制御系は，偏差$e(t) = r(t) - y(t)$とすると次式で表現される．ここで，K_P，T_I，T_Dをそれぞれ比例ゲイン（proportional gain），積分時間（integral time），微分時間（differential time）と呼ぶ．

$$u(t) = K_P \left\{ e(t) + \frac{1}{T_I} \int_0^t e(\tau) d\tau + T_D \frac{de(t)}{dt} \right\} \quad (4.29)$$

通常は，ラプラス変換（Laplace transform）して次の伝達関数（transfer function）で入出力関係を表現する．

$$G_C(s) = K_P \left(1 + \frac{1}{T_I s} + T_D s \right) \quad (4.30)$$

制御系のパラメータ調整は，対象プロセスの伝達関数モデルや確率過程モデル（2.3節参照）に基づいて設計する方法や，時間領域または周波数領域での安定性解析（stability analysis）に基づく方法，対象の物理モデルに基づく方法やシミュレーションによる検討などによって行われる．経験的な設定を別にすれば，設定値や入力をステップ的に変化させて，その出力応答を解析してパラメータを決定する方法がもっとも一般的であり，古くからさまざまな手法が提案

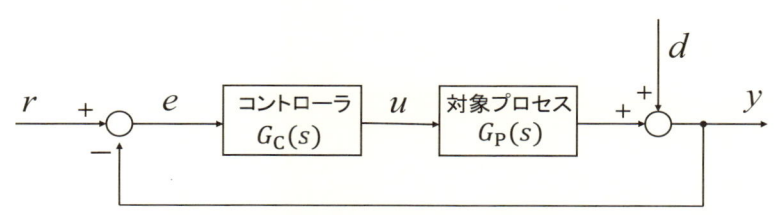

図4.16 基本的なフィードバック制御系の構成

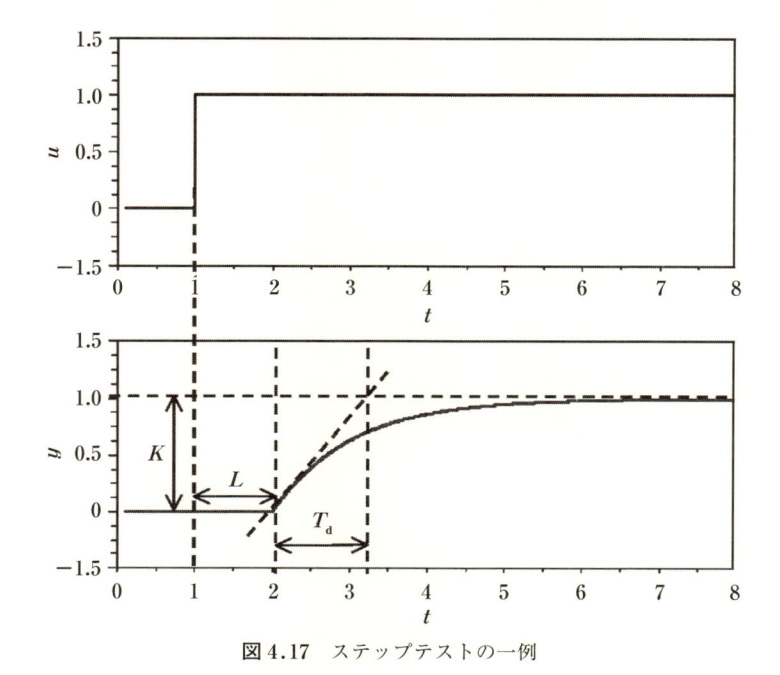

図4.17 ステップテストの一例

され使われている．たとえば，対象プロセスが次式の一次遅れ＋無駄時間系（First Order Plus Dead Time；FOPDT）で近似できるとする．

$$G_\mathrm{P}(s) = \frac{K}{T_\mathrm{d}s+1}e^{-Ls} \quad (4.31)$$

ここで，Lは無駄時間，T_dは遅れ時間，Kはシステムゲインである．このとき，入力uをステップ的に変化させた際の出力yの応答からK，L，T_dの三つのパラメータの近似値を図4.17や数値解析から簡単に求めることができる．一方，FOPDT系に対して最適な制御応答を実現するPID制御系のパラメータ算出法がいろいろと求められており，同定されたK，L，T_dの値からPID制御の三つのパラメータK_P，T_I，T_Dが算出できる[18]．

4.4.2 モデル予測制御

多変数系や非線形性の強い系など，PID制御では十分な制御性能が得られない対象を中心に，モデル予測制御（Model Predictive Control；MPC；receding horizon controlとも呼ばれる）も広く用いられている．モデル予測制御は，対象プロセスのモデルを使って，将来の被制御量の値が目標値と等しく（あるいは近く）なるように，現時点での最適な操作量をオンラインでその都度求めて制御を行うものである．図4.18にモデル予測制御の概念を示した．図中の破線は参照軌道（reference trajectory）と呼ばれる被制御量の目標軌道であり，予測区間（prediction horizon）において被制御量yの予測値（図中の実線）が参照軌道に近い挙動を示すように制御区間（control horizon）の操作量uを最適計算によって求め，現時点の操作量を実際にシステムに与えるという動作をサンプリングごとに繰り返すものである．モデル予測制御に不可欠な対象プロセスのモデル作成には，物理化学的な法則から対象の動特性を定式化して直接モデルを作る方法，過去の運転データに基づいてモデルパラメータを同定する方法，ステップ信号などを加えて入出力応答をとってモデルを同定する方法などがある．

モデル予測制御にはさまざまな定式化があるが，ここでは，次の線形状態方程式で記述されている対象を例に典型的な定式化についてのみ述べることとする．

$$\mathbf{x}(t+1) = A\mathbf{x}(t) + B\mathbf{u}(t) \quad \mathbf{x}(0) = \mathbf{x}_0 \quad (4.32)$$

$$\mathbf{y}(t) = C\mathbf{x}(t) \quad (4.33)$$

ここで，$\mathbf{x}$，$\mathbf{u}$，$\mathbf{y}$はそれぞれ，状態，入力，出力ベクトルである．時刻tにおけるkステップ先の状態変数の予測値を$\mathbf{x}(t+k|t)$のように表すと，次の最適化問題を解くことによって，tから$t+N_\mathrm{M}-1$までの制御区間の操作量を求めることができる．

$$u(t+j|t) = \arg\min \left\{ \mathbf{x}^\mathrm{T}(N_\mathrm{P}|t) P_0 \mathbf{x}(N_\mathrm{P}|t) \right.$$
$$+ \sum_{k=0}^{N_\mathrm{P}-1} \mathbf{x}^\mathrm{T}(t+k|t) Q_0 \mathbf{x}(t+k|t)$$
$$\left. + \sum_{k=0}^{N_\mathrm{U}-1} \mathbf{u}^\mathrm{T}(t+k|t) R_0 \mathbf{u}(t+k|t) \right\}$$
$$(j = 0, 1, \cdots, N_\mathrm{M}-1) \quad (4.34)$$

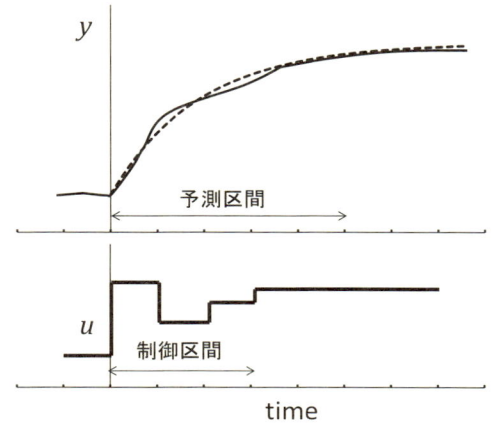

図4.18　モデル予測制御の概念

ここで，P_0, Q_0, R_0 は重みを表す係数行列であり，N_P は予測区間である．求められた操作量のうち，現時刻の操作量 $\mathbf{u}(t|t)$ を実際に対象に加え，次の時刻 $t+1$ において再び出力を観測して，区間をずらして同様の最適計算をやり直し，新たな操作量を繰り返し求めながら適用していくのがモデル予測制御である．実際の最適化問題を解く際には，適切な制約条件の下で解を求める必要がある．

4.4.3 ソフトセンサー

化学プラントでは，蒸留塔や反応器の出口組成や製品品質を制御することはよくあるが，これらの値がオンラインで継続的に測定されていることは，コスト的あるいは技術的な理由によってまれである．そこで，これらの値を連続的に測定できる測定値などから推定し，その推定値を用いてオンラインで制御することが行われている．このような推定は，仮想計測（virtual metrology）またはソフトセンサー（soft sensor）と呼ばれている．ソフトセンサーを実現するデータ解析手法としては，4.1.2項で述べた重回帰分析や PLS, 4.2.1項で述べたニューラルネットワークなどが用いられている．最近では，これらの回帰型の手法とは別に，あらかじめモデルを作らずにデータベースを直接利用するJIT（Just-In-Time）型の手法を利用したソフトセンサーも用いられるようになっている[19]．

一例として，ガソリンの NIR スペクトルデータからオクタン価を推定するソフトセンサーを取り上げる．ここで用いた NIR スペクトルは 900 nm から 1700 nm まで 2 nm ごとに測定された 401 個の値であり，60 サンプルのデータセットを用いた[20]．はじめの 50 個のデータを訓練用に使用して PLS（成分数 2）でモデル化し，残りの 10 個のデータについて，このモデ

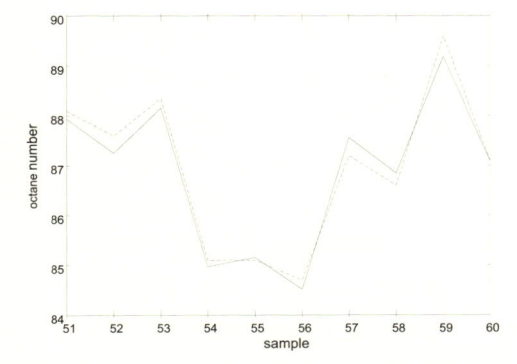

図 4.19 ソフトセンサーによるオクタン価の推定結果

ルによるオクタン価の推定値を求めた（図 4.19 実線）．検証のため，オクタン価の実測値を図中に破線で示した．もちろん，通常運用では対応する実測値は存在しないが，ここでは検証のため実測値のあるデータについてソフトセンサーによる推定を行わせている．この結果より，推定値と実測値はおおむね一致しており，ソフトセンサーによるオクタン価の推定が可能であることを示している．この例のように，ソフトセンサーの導入によって直接は測定していない量を推定することができるようになれば，その量をフィードバック制御系によって制御することが可能となる．

4.5 経験的ネットワークモデリングの化学工学的応用

4.5.1 プロセスシステムの複雑化と経験的ネットワークモデリング手法

近年，プロセス強化（詳しくは 5 章参照）という化学工学の新たなパラダイムが注目されているように，プロダクトデザインや反応過程の精密制御を意識する革新的なプロセスシステムの設計が望まれてきている．新規化学物質創製から新規プロセス開発，さらに生産への展開を促進させるためにシステムズアプローチの重要性が指摘され，このシステムズアプローチの構

築において，時空間スケールの異なる複数の視野を必要とする「マルチスケールモデリング・シミュレーション」という方法論が貢献しうると考えられている．詳細な物理化学的モデルに基づくシミュレーション技術を活用することで，時空間スケールの異なるダイナミクス（例：分子反応のダイナミクス，輸送現象のダイナミクス，プロセスシステムの運転操作・制御のダイナミクスなど）への理解が促進され，複数の視野に基づくプロセスシステム設計が可能になると思われる．

しかし，革新的なプロセスシステムの開発を目指し，プロセスの作り込みが複雑化すると，現有のマルチスケールモデリング・シミュレーション技術によって予測の難しい現象をハンドリングする技術（たとえば，プロセス制御技術，プロセス管理技術など）が必要とされる．また，持続可能な社会を目指し，プロセスシステムのモデル化の対象範囲が，化学プラントにとどまらず，プラントの周りの社会システムも含む大規模で複雑なシステムへと広がっている．このように，プロセス強化というパラダイムに必要とされるマルチスケールモデリング・シミュレーションの発展においては，要素還元論に基づく物理化学的モデル化手法だけでなく，大規模・複雑系を扱うことのできるシステム工学的手法の発展も期待されている．

4章のはじめで述べたように，大規模・複雑系の取扱いにおいてデータに基づいたモデル化（以下，「データモデリング」と呼ぶ）と解析が中心的な役割を担い，データモデリングと解析はデータ獲得・選択，前処理，データ変換，データマイニング，解釈・評価という一連のシステム情報処理（図4.1）を包括している．プロセスシステムから獲得されるデータを計算して，計算値の解釈を人間に委ねるのではなく，多種多様なデータを記号情報に縮約し，さらに解釈・評価できる形式の知識情報に変換するためには，対象プロセスシステムの特徴に応じて複数のシステム情報処理手法を組み合わせる応用技術が必要となる．本節では，データモデリング手法の一つとして，経験的ネットワークモデリング手法に焦点を当て，図4.20中に示される「パターン認識」と「推論・推定」に関わるネットワークモデリング手法と，プロセスシステムの運転・管理への応用について説明する．

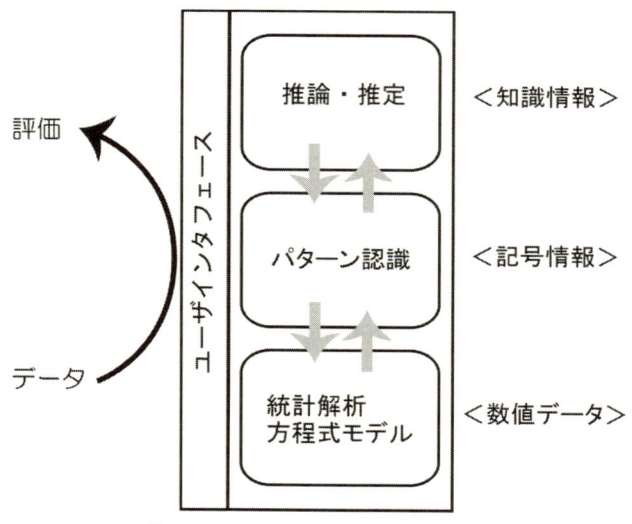

図4.20 データモデリング手法の応用

また，プロセスシステムの設計や計画にも着目し，経験的ネットワークモデリング手法に基づくシステムの最適化手法とその化学工学的応用についても説明する．

4.5.2 自己組織化マップを用いたプロセス画像のパターン解析

化学装置の内部や出入口に設置される温度，圧力などの局所的なセンサーが必ずしも装置の状態診断やプロセス制御に十分な情報を与えているとはいえない．この問題を解決する一つの手法として，process imaging[21]と呼ばれる，装置内部のプロセス状態量の空間的分布に関する画像情報を利用する手法がある．装置内部のプロセス画像情報を装置の状態診断に有効利用するためには，フィルタリングに代表される画像処理法の検討だけでなく，画像からの特徴抽出に関する手法の検討も必要不可欠となる．画像に含まれる多種多量の数値データから特徴抽出を効率よく行うためには，統計科学的手法や知的システム手法の利用が有効であり，本項では，通気攪拌装置の状態診断を目的とした槽内部気泡群の画像パターンの解析[22]を例にとりながら，4.2.2項で紹介した自己組織化マップ（SOM）の適用方法（図4.21）を述べることにする．

教師無しニューラルネットワーク（4.2.2項）とみなせるSOMについては，これまでさまざまな学習アルゴリズムに基づくアプリケーションが研究開発されてきている．ここではバッチ型SOMのアルゴリズムに基づいて開発された商業用アプリケーションSOMine (Viscovery Software GmbH) を紹介する．4.2.2項で述べたように，学習前のSOMのノードの初期値を入力ベクトル群によって網羅されているデータ空間内から選ぶことにより学習を効率化することができる．SOMineにおいては主成分分析（4.1.3項）を用いて高次元データを線形空間に集約させた状態から学習を開始する．学習においては，入力ベクトル群の空間的分布を保持したマップの形成プロセスを効率よく収束させるために，k-means法（4.1.5項）のように，あるノードM_iの近傍でそのノードにマッチしたすべての重み付きデータベクトルの平均をノードM_iに設定する．データベクトルの重みは，データベクトルがマッチしたノードkと隣接するノー

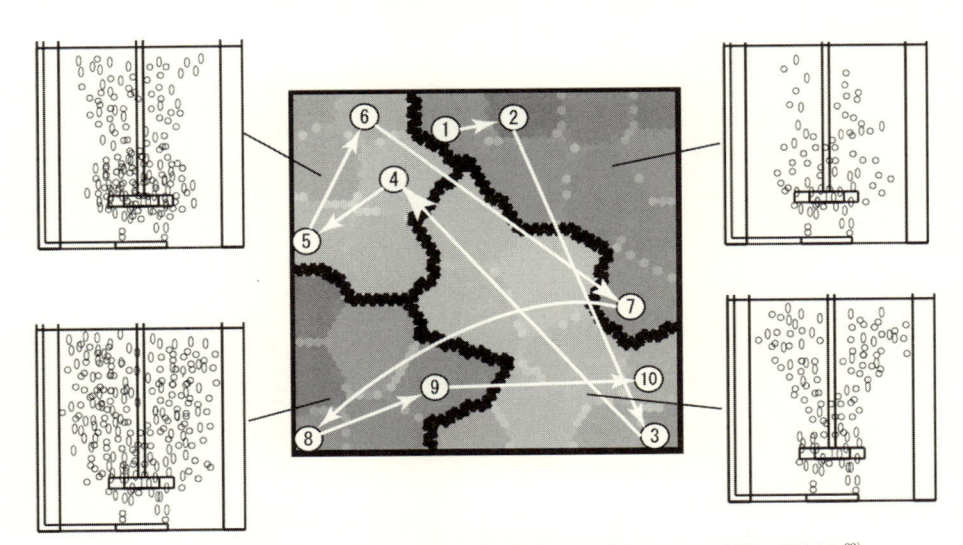

図4.21 自己組織化マップを用いた槽内部気泡群の画像パターン遷移の解析例[22]

ド間の距離のガウス関数によって決定される.そして,学習は,モデルを構成するすべてのノードについて歪みと量子化誤差が最小化するまで行われる.このようにSOMineの学習アルゴリズムはニューラルネットワークの学習手法に統計科学的手法を組み合わせることで非線形モデリングの効率化をはかったアルゴリズムである.

さて,対象プロセスの画像情報のモデリングへのSOMの適用においては,以下の項目を検討する必要がある.

a. プロセス画像の取得と入力データベクトルの作成
b. SOMの学習と生成マップのクラスタリング
c. 想起による状態診断

SOMineを用いた攪拌槽内部気泡群の画像パターンの解析例を用いながら,各項目の検討方法の詳細を説明する.

a. プロセス画像の取得と入力データベクトルの作成

内部に攪拌翼とガス分散器(スパージャー)が設置された透明アクリル製の邪魔板付き攪拌槽を用意し,水で満たされた攪拌槽底部より通気される窒素ガスの気泡群の分散状態の画像情報をモデル化することを考えてみる.スパージャーより出る気泡は攪拌操作によって3次元的に複雑に移動し,気泡群の分散パターンは時間的に変化する.つまり,槽内部気泡群の分散状態の時間的遷移をモデル化するためには,ある時間間隔で取得される画像データ(「時系列画像データ」と呼ぶ)が有用であると考えられる.しかし,一方向から気泡群の画像を取得する場合,気泡群の空間的分布が2次元の画像として捉えられていることや気泡群の動きが速い場合にはノイズの多い画像データになりやすいことに注意する必要がある.

次に,多種多量の情報を含む時系列画像データから,どのようなデータを抽出し,SOMの入力データベクトルにするかを検討する.たとえば,気泡群の分散挙動を「速度の大きさ」の空間的分布というデータを入力データとしてモデル化したい場合には,PIV(Particle Imaging Velocimetry)技術[21]によって微小時間間隔の連続した2枚の画像から入力データを求めることができる.可視化用レーザーシートと高速ビデオカメラを用いて撮影された動画像より抽出された気泡の2次元速度ベクトルの大きさの分布を図4.22の右側枠内に示す.当実験では解析領域を槽全体ではなく,攪拌翼や槽壁でのレーザーの反射によって取得画像へ混入するノイズの低減を考慮して設定している.また,解析領域を縮小したとしても,画像に含まれる2次元速度ベクトルのデータは膨大であるため,圧縮したデータをSOMの入力データベクトルとして用いることが効率的なモデル化につながる.たとえば,図4.23に示すように解析領域を5〜6 mm四方の格子に分割し,各格子内の気泡の平均速度$\bar{v}$をデータベクトルの要素とすることで,気泡の2次元速度ベクトルの大きさの分布(図4.22)のデータを256次元の入

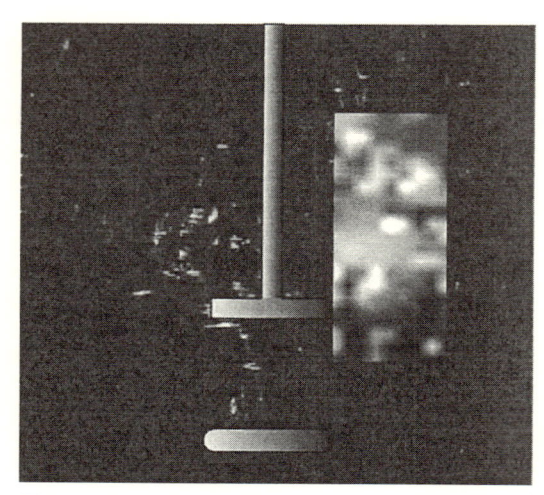

図4.22 PIVを用いた気泡群の分散挙動情報の抽出例[22]

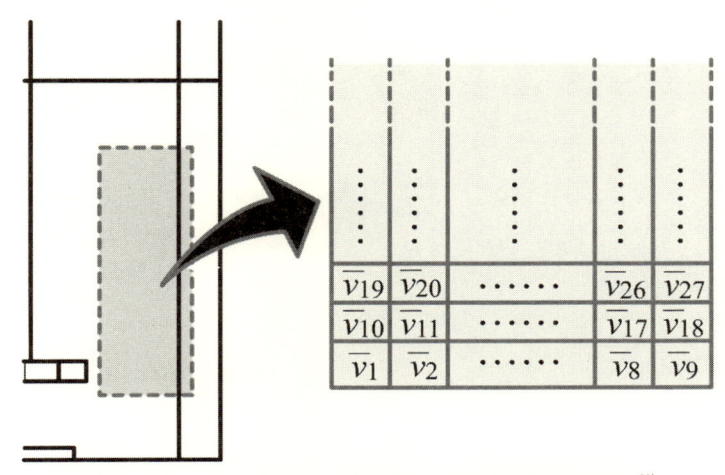

図 4.23 入力データベクトル作成のための解析領域の分割例[22]

力データベクトルに圧縮することができる．解析領域をどのくらいの大きさにするか，またどのくらいの大きさの格子に分割するかという問題については，観測対象の現象への先験的知識とある程度の試行錯誤を要する．

b. SOMの学習と生成マップのクラスタリング

ここでは，槽内の撹拌軸設置時の微小なズレによって生ずる気泡群の分散挙動の変化をSOMによって抽出する問題について考えてみる．SOMの学習においては，まず撹拌軸が垂直に設置された条件下で撮影された動画像より，前述の手法によって時間間隔0.2秒ごとの入力データベクトルを抽出する．抽出された450のデータベクトルをSOMに入力するが，その入力においてはシグモイド関数に基づくデータ変換を行う．4.2.1項で述べたようにシグモイド関数（式（4.19））は階層型ニューラルネットワークでよく用いられる関数であるが，SOMの学習においても，気泡群の複雑な挙動によって生ずる速度ベクトルの大きさの微小な差異や画像取得の際に混入するノイズを識別しやすくするために有効であると考えられる．

次に，450のデータベクトルを用いた学習の後に，SOMを構成するノード間の距離の情報に基づいたクラスタリングを行った結果の一例を図4.24に示す．図中A～Fの六つのクラスタに分割されたSOMのマップが生成された．図中の各クラスタ内にみられる黒丸印は，クラスタ内のノードの重心を示す．マップ上において重心が必ずしも各クラスタの中心に位置していないのは，学習に用いた入力データベクトル間の高次で非線形な関係が2次元平面に圧縮されているからである．

また，SOMのクラスタリングにおいては，得られたクラスタの数は必ずしも生成マップを解釈するうえで最適な数とは限らないことに留

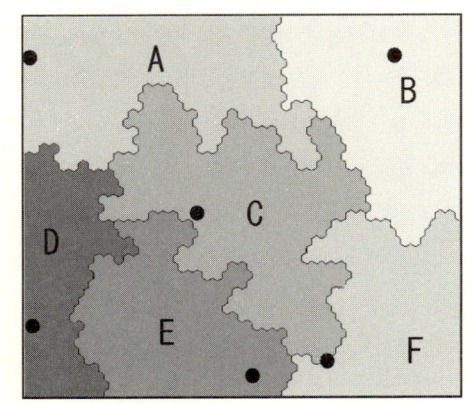

図 4.24 撹拌軸が垂直に設置された条件下で得られた画像データによって生成されたマップ

意すべきである．つまり，生成マップの利用においては，利用者自身が各クラスタの特徴を解釈する必要がある．たとえば，図4.24の生成マップについていえば，各クラスタ中の画像を解析することによって，Cのクラスタを「気泡の分散状態が良好」と意味付けることができた．

c. 想起による状態診断

著者らは，攪拌軸を横方向へ約1°傾斜させて設置した状態で取得された50の画像データを用意し，先ほど生成されたマップ（図4.24）上で想起させることで，攪拌軸設置の微小なズレによって生ずる気泡の分散挙動パターンの変化が抽出できるかどうか検討した．図4.25中の丸数字が想起の結果であり，丸数字の順序とともに気泡の分散挙動パターンの時間的遷移を視覚的に把握することができる．

マップ上の丸数字の分布状況を解析すると，クラスタCにほとんど想起データが配置されていないことがわかる．さらに各クラスタの重心（図中黒丸）の位置に注目したところ，図中の破線で囲まれた想起データはいずれの重心からも遠くに配置されている．また，攪拌軸を奥方向へ約1°傾斜させて設置した場合の想起結果についても，先の想起結果と同様の特徴がみられた．このように，目視によって判断するのが難しい時系列画像のわずかな変化の抽出において，SOMによるパターン認識は有用な手法であるといえる．また，図4.20で示したようにSOMのようなクラスタリング型手法に状態推定・評価の機能を組み合わせることにより，プロセス状態診断への応用性が向上すると考えられる．

4.5.3 適応ネットワーク型ファジイ推論システムを用いた生成物の性状推定

2.6.2項で述べたif-then形式のルールを用いたファジイ推論システムの利用においては，一般的に複数のルールを設定する．各ルールが非常に簡単な表現であっても，ルールの網羅する範囲がお互い重なりあうようにすることで，定式化の難しい問題についてもきめの細かい推論が可能となる．しかし，プロセスシステムのように，多変数同士が非線形かつ複雑に関係しあっているシステムのファジイ推論モデルを構築する場合には，前件部のメンバーシップ関数の設定を経験的知識に基づいて行うことが難しいこともある．そのような問題を解決する手法の一つとして，モデリング対象のシステムが網羅するデータ空間の特徴に合わせてメンバーシップ関数が調整される手法が有効であると思われる．

本書では，教師付きニューラルネットワーク（4.2.1項）の学習機能に類似したパラメータ調整機能が組み込まれたファジイ推論システムとして，カリフォルニア大学バークレイ校の研究助手であったJangによって提案された適応ネットワーク型ファジイ推論システム（Adaptive-Network-based Fuzzy Inference System；ANFIS)[23]を紹介する．ANFISのシステム構造は，2.6.2項で紹介した高木と菅野によるファジイ推論法に基づいており，下記のif-then形

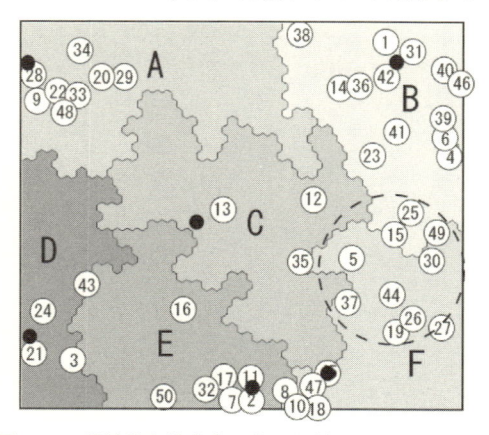

図4.25 攪拌軸を横方向へ約1°傾斜させて設置した状態で取得された50の画像データの想起[22]

式で表現される．

i 番目のルール

 if x_1 is A_i and x_2 is B_i, then $f_i = p_i x_1 + q_i x_2 + r_i$

ここでは，2入力 (x_1, x_2) – 1出力 (y) のシステムについて次のように記述される推論システムを例にとりながら，ANFIS のシステム構造を説明する．図 4.26 に示すように，ANFIS の構造は階層型ニューラルネットワークの構造に類似した 5 層の階層構造である．第 1 層は入力をメンバーシップ関数によってファジィ化（fuzzification）する層である．第 2 層は第 1 層の x_1 と x_2 についてのメンバーシップ値の積を算出する層であり，前件部の「if x_1 is A_i and x_2 is B_i」を表している．また，非ファジィ化（defuzzification）を示す第 4 層は前件部の値を重み $\bar{w}_i$ として，後件部の「then $f_i = p_i x_1 + q_i x_2 + r_i$」に乗ずる演算を表しており，乗算値の総和が第 5 層で算出される．

ANFIS の前件部と後件部のパラメータは教師データを用いた学習によって調整される．たとえば，前件部のメンバーシップ関数に次式で表されるガウス関数を用いる場合は，調整パラメータはガウス関数の中心部 c_i と標準偏差 σ_i となる．

$$\mu_{A_i}(x) = \exp\left[-\frac{1}{2}\left(\frac{x - c_i}{\sigma_i}\right)^2\right] \quad (4.35)$$

また，上記ルールにおける後件部に関しては p_i, q_i, r_i の 3 種のパラメータの調整が必要となる．学習方法については，たとえば，Jang は学習における収束性を高めるために，前件部と後件部の学習アルゴリズムを分離させて，逐次的にパラメータ調整を行う手法を提案している．

以上のような構造の学習機能を有した ANFIS は，非線形メンバーシップ関数を用いていることで，非線形性の強い多変数のプロセスデータのモデリングに効果的であると考えられる．また，中間層ノードの関数がガウス関数である階層型ニューラルネットワークシステムと ANFIS を比較すると，両システムの構造と機能は類似しているが，ANFIS の方が調整すべきパラメータ数は少ない傾向がある．調整パラメータ数が少ないことは非線形性の強いデータモデリングの精度向上を難しくさせるものの，全体的な入出力関係の構造を見通しやすくする長所がある．

ANFIS の化学工学的応用事例の一つとして，半回分式酢酸ビニル重合プロセスの生成物（ポリ酢酸ビニル）の性状（分子量など）の推定を紹介する[24]．イリノイ工科大学の Teymour 教授は CSTR（完全混合槽型反応器）における酢酸ビニルのラジカル重合プロセスが複雑かつ多

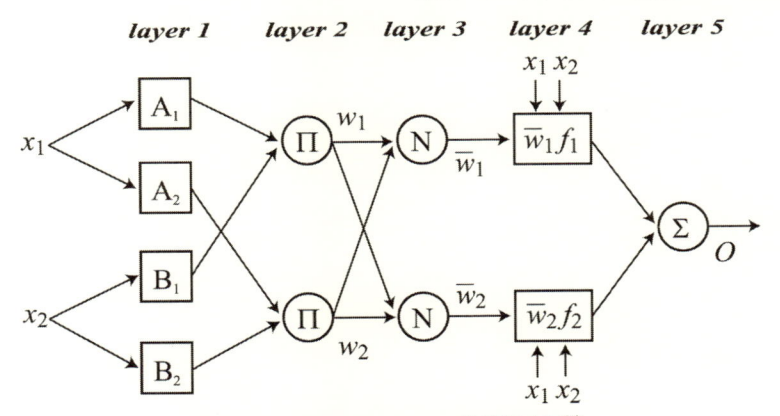

図 4.26 ANFIS のシステム構造概略図[24]

様な動的挙動を示すことを数値的かつ実験的に明らかにしている[25]．また，反応器内の酢酸ビニルモノマーの滞留時間が一定になるように供給量を時間的に操作した半回分式酢酸ビニル重合プロセスにおいても，CSTR同様の動的挙動が示されることが報告されている．たとえば，開始剤濃度と供給操作の条件次第で，図4.27のように反応器出口における酢酸ビニルモノマーの転化率 X_m の時間的振動現象がみられる．また，X_m の振動の周期や大きさは供給操作の時定数 τ の値によって変化する．

このような複雑かつ多様な動的挙動を示すプロセスのモデリングにおいては，次の項目を検討する必要がある．

a. モデルの入力変数と出力変数の選択
b. 初期のモデル構造の決定
c. 用意するデータセットの種類
d. パラメータ調整とモデル構造の検証

ここでは，ANFISを用いた半回分式酢酸ビニル重合プロセスの生成物性状の推定例によって，各項目の検討方法の詳細を説明する．

a. モデルの入力変数と出力変数の選択

モデルの利用目的が生成物（または製品）の性状の推定の場合は，モデルの入力変数が生成物性状に影響を及ぼすプロセスの操作変数と状態変数であることが多く，測定可能であること が求められる．また，ソフトセンサー（4.4.3項）に代表されるように，推定モデルをリアルタイムで利用したい場合には入力変数はオンラインで測定できるプロセス変数であることが望まれる．たとえば，半回分式酢酸ビニル重合プロセスの生成物性状の推定においては，生成物のポリ酢酸ビニルの性状の指標として，モノマーの「転化率」と生成ポリマーの「数平均分子量」，「重量平均分子量」，「多分散度」を選んだ場合，生成物性状の変化に影響を及ぼすであろう変数として「温度」，「供給モノマー濃度」，「溶媒体積分率」の3変数が選択されている．経験的ネットワークモデルの入力変数の選択においては，対象プロセスへの先験的知識に基づく試行錯誤を要するが，物理化学的モデルの活用も入力変数の取捨選択の検討を効率化すると考えられる．

b. 初期のモデル構造の決定

前件部の各入力変数に対するメンバーシップ関数の数がモデルの推定性能に影響を及ぼすことを考える必要がある．前件部の初期のメンバーシップ関数の決定は調整パラメータの初期値の決定であり，パラメータ調整の収束性にも影響を及ぼすといえる．

著者らは，メンバーシップ関数決定へのシステムズアプローチの一つとしてsubtractive clustering methodというクラスタリング手法を

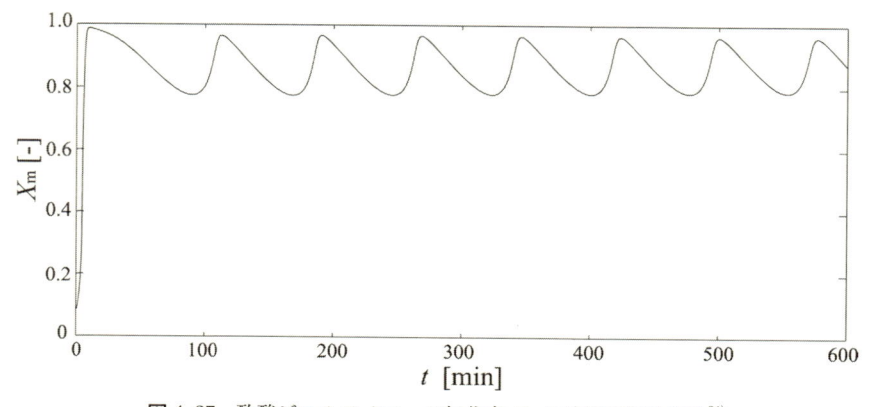

図4.27 酢酸ビニルモノマーの転化率 X_m の時間的振動現象[24]

用いている[24]．4.1.1項で説明したように，「クラス分類」または「クラスタリング」とは複数のデータの集合を部分集合（クラス）に分割することである．subtractive clustering method を簡潔に説明すると，モデリングのために用意されたデータ（またはデータベクトル）に，まわりのデータとの距離尺度に基づいたポテンシャルを与えることで，データが密集した部分の中心のデータをポテンシャルの高さによって抽出し，データ空間が複数に分割される．さらに，各クラスタの中心まわりのデータのポテンシャルを，中心との距離に基づいて減じ，先に述べたクラスタの中心データの抽出のプロセスを繰り返すことで，クラスの数を減らすことができる．メンバーシップ関数にガウス関数を用いるならば，subtractive clustering method を用いて得られたクラスの中心位置と大きさより，ガウス関数の中心部 c_i と標準偏差 σ_i が決定される．

c. 用意するデータセットの種類

学習機能（パラメータ調整機能）を用いたネットワークモデリングにおいては，入力変数データと出力変数データの組合せであるデータセットの数は多い方がより頑健かつ推定性能が高いモデルを構築できると考えられている．しかし，パラメータ調整によって構築されたモデルは，調整のために用意されたデータセットの範囲内では適用可能であるが，さまざまな入力変数データと出力変数データの組合せに適用可能であると必ずしもいえず，過学習（4.2.1項参照）の問題が生じることもある．そこで，学習されたモデルが，パラメータ調整のために利用されたデータセットの範囲外の入力変数データに対しても精度の高い推定ができる性能（「汎化性能」という）を有しているか否かを検証するためのデータセットが別途必要となる．パターン認識や機械学習においては，適用モデルの推定性能を確認するために，分割したデータの一部をモデルの学習に用いて，残る部分を検証に用いる，交差検証 (cross validation) と呼ばれる方法がある[8]．交差検証法の主な種類として，k-分割交差検証や leave-one-out 交差検証などがある．

たとえば，半回分式酢酸ビニル重合プロセスの生成物性状の推定の場合においては，原料供給操作の時定数 τ が一定の運転操作条件における変動時系列データを用意し，時間帯によって二つに分割することで学習用データセットと汎化性能評価用データセットを用意できる．また，τ の値によってプロセスの動的挙動が多様に変化することが知られている場合には，異なる τ の運転操作条件におけるデータセットを用意して，構築したモデルの推定機能に汎化性があるかどうか検証することができる．

d. パラメータ調整とモデル構造の検証

パラメータ調整においては，調整パラメータを含む関数の性質を考慮した最適化アルゴリズムの選択・導入が必要不可欠となる．著者らは，ANFIS の前件部と後件部のパラメータ調整に，それぞれ最小二乗法とレーベンバーグ–マーカート (Levenberg-Marquardt) 法を用いている．これら二つのパラメータ調整を逐次的に繰り返すことで，収束時間を減少させることができる．

また，パラメータ調整後に，前述の汎化性能評価用データセットを用いて想起を行うことで構築モデルの推定機能の観点からパラメータ値の適用性を検証する．推定機能が不十分の場合には，パラメータ調整アルゴリズムだけでなく，モデル構造自体も見直す必要がある．たとえば，$\tau = 58$ の運転操作データセットによって学習されたモデルを用いて，$\tau = 53.5$ の場合の多分散度 (PDI) を推定した結果を図4.28に示す．この場合，構築されたモデルの推定性能は十分と

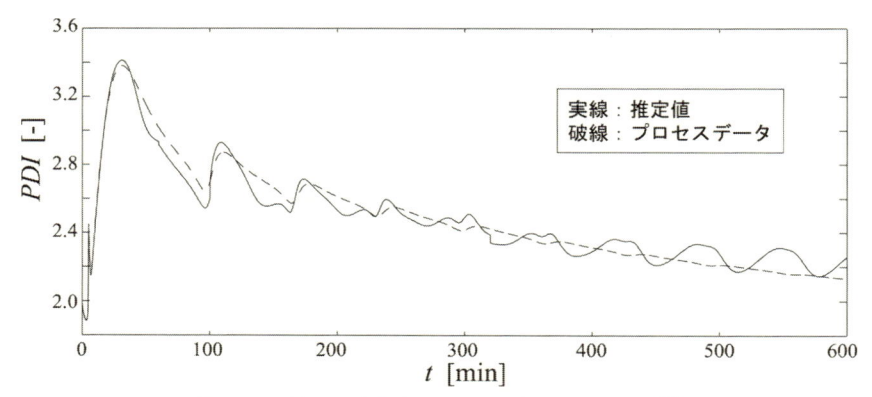

図 4.28　異なる時定数 τ の場合の多分散度の推定[24]

はいえないが，図 4.27 に示したようなモノマーの転化率（X_m）の時間的変化の推定性能は良好であった．

著者らは，モノマーの転化率の時間的変化が生成ポリマーの性状変化に影響を及ぼすと考え，多分散度（PDI）の推定性能を上げる手法として，温度，供給モノマー濃度，溶媒体積分率の3変数より推算される転化率の推定値を多分散度などの推定のための中間的な入力とするカスケードモードのモデル（図 4.29）を検討した．図中二つの部分的モデル（Part A と Part B）のそれぞれについて，前述の b. 初期構造の決定プロセスと d. パラメータ調整プロセスを行い，構築された二つの部分モデルを連結させて，異なる τ についての推定性能試験を行った結果，多分散度についても良好な推定性能が得

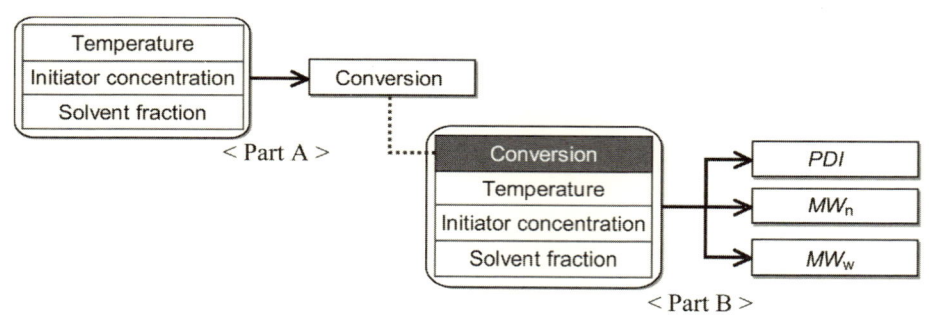

図 4.29　カスケードモードの推定モデル[24]

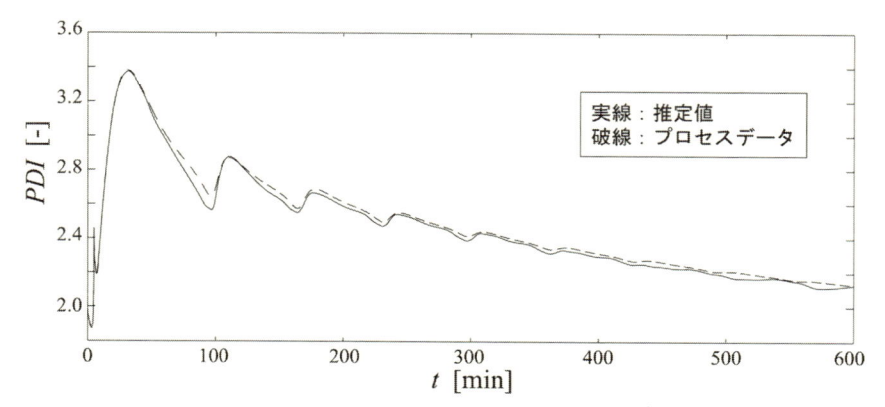

図 4.30　多分散度の推定性能の改善結果例[24]

られた（図 4.30）．

以上，化学プロセスの複雑な挙動を支配する多変数間の関係をモデル化し，同モデルをプロセス設計やプロセス操作・制御へ活用する過程を効率化するために，「ファジイ推論」に基づくあいまいさを取り入れた柔軟なモデリング手法の適用が有効であると考えられる．また，あいまいさを取り入れたモデルの構造情報は，厳密なモデルの構造を検討する際に有用な示唆を与えてくれるものと期待される．

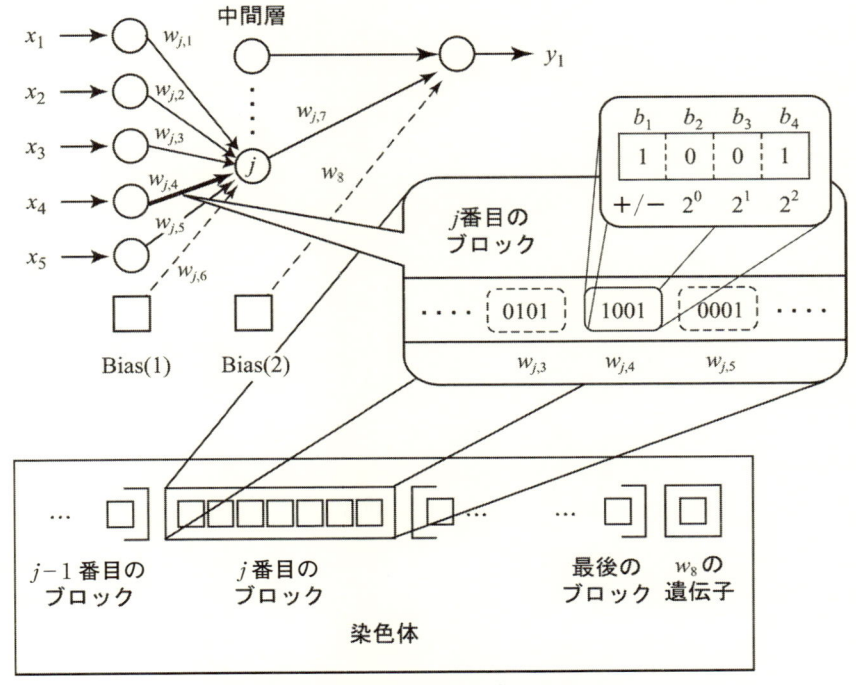

4.5.4 遺伝的ニューラルネットワークを用いた生産プロセスの動的スケジューリング

教師付きニューラルネットワーク（4.2.1 項参照）は，プロセスシステムの非線形モデリングにおいて効率的かつ実用的であり，適切な中間層ユニット数によって高い汎化性能を示す．しかし，構築モデルの運用の途中で対象プロセスシステムの制約条件が変化する場合については，教師付きニューラルネットワークの学習機能は制約条件の変化に対応する柔軟性に欠けている．つまり，対象プロセスシステムの状況変化に応じてニューラルネットワークの構造（たとえば，中間層ユニット数）を最適化するアルゴリズムが必要であると考えられる．組合せ最適化問題または離散最適化問題に有用である，遺伝的アルゴリズム（2.7.4 項参照）の共用が有効であると考えられる．

本項では，遺伝的アルゴリズム（GA）によって最適化される階層型ニューラルネットワーク（「遺伝的ニューラルネットワーク」と呼ぶ）を用いたモデリング手法とその化学工学的応用例を紹介する．遺伝的ニューラルネットワーク（以下，GANN と略す）の概略を，図 4.31 に示す．GANN の最適化過程においては階層型ニューラルネットワークそのものが個体として扱われ，GA 法適用において必要な遺伝子形式のコード

図 4.31 遺伝的ニューラルネットワーク

は階層型ニューラルネットワークを構成する結合重みの情報をもっている．図中に示されているように，個体はブロックに分かれており，それぞれのブロックはニューラルネットワークの中間層ユニット一つに結合している結合重みすべての情報をもっている．コードの要素にはそれぞれ，「0」または「1」が格納されている．重みはコードの要素四つで表されており，最初のコードの要素 b_1 は符号を表し，結合重みの値が b_2, b_3, b_4 によって二進数で表されている．つまり，個体は，ニューラルネットワークの中間層ユニット数に相当するブロックと，中間層にある Bias(2) から出力ユニットへ結合している重みの情報から構成されている．また，ブロックの数は，2.7.4項で説明した「再生」，「交叉」，「突然変異」などの操作により変化する．

本項では，GANN 手法の化学工学の応用事例の一つとして，生産プロセスの動的スケジューリングを紹介する．化学産業における多くの化学プラントは原料調整，反応操作，分離操作，精製操作などの工程の流れ（フロー）に基づくシステム構造を有し，最終製品の銘柄が変更になったとしても，工程の順序が変更になることはない．つまり，多くのプロセスシステムのスケジューリング問題はフローショップ問題とみなすことができる．また，実際の化学プラントの運転・管理を想定した場合，運転の途中における仕事（新たな銘柄製品の生産）や装置の故障といった外乱的事象の発生を考慮に入れたスケジューリング問題に取り組む必要があると考えられる．このように，初期計画に従った運転の途中で装置や仕事の構成が変化する問題は「動的スケジューリング問題」と呼ばれる．

動的に変化するフローショップスケジューリング問題への GANN 手法の適用においては，先述の GA（2.7.4項）と ANFIS（4.5.3項）

同様に，次の項目を検討する必要がある．
- 評価指標の設定と個体（ニューラルネットワーク）の入力変数と出力変数の選択
- コーディング方法
- 再生の操作方法
- 交叉・突然変異の操作方法
- GANN モデルのベンチマーク問題への適用

まず，個体であるニューラルネットワークの入力変数と出力変数を，与えられたスケジューリング問題の解の評価指標に応じて決める必要があり，その詳細は後述の「GANN モデルの実問題への適用」で説明する．コーディング手法例は先述したので，以下に「再生の操作方法」，「交叉・突然変異の操作方法」と「GANN モデルのベンチマーク問題への適用」について述べる．

再生の操作方法

2.7.4項で述べた GA 法同様，はじめに，個体（階層型ニューラルネットワーク）の初期集団を生成する．さらに，評価，選択，交叉，突然変異という一連の操作を，設定した回数（世代数）だけ行い，最後の世代におけるもっとも適応度の高い個体であるニューラルネットワークを選出することを考える．たとえば，乱数を用いて，一世代目の初期集団を生成する．そして，集団内の各個体の評価においては，コードから生成されるニューラルネットワークにより求められるスケジューリング結果の評価値を適応度とし，その適応度の値が大きいほど優秀な個体であると評価する．

集団の再生においては，適応度に基づく個体の選択が最適解への収束性を左右すると考えられ，与えられた問題の性質に応じて選択手法を検討する必要がある．ここでは，GANN の動的スケジューリング問題への適用事例で用いた二段階選択手法（図4.32）を紹介する．なお，図中の※印の個数は中間層ユニット数を表し

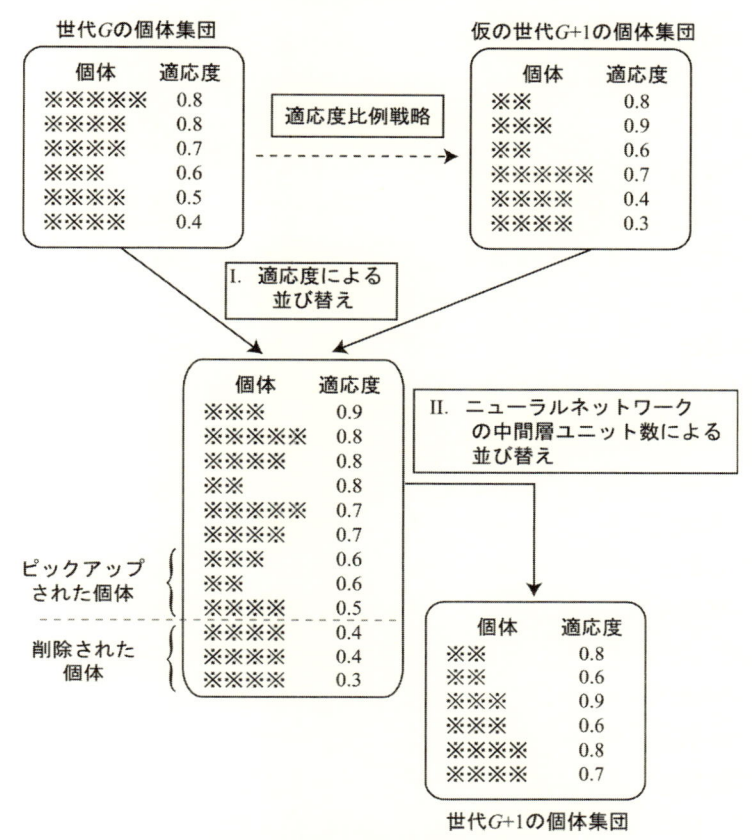

図 4.32 再生における二段階選択手法

ている.

【二段階選択手法】
Ⅰ. 適応度による並べ替え

　適応度比例戦略（ルーレット戦略）を用いて生成した個体と，前世代の個体のすべてを合わせて適応度の高い順に並べ，（一世代分の個体数 + X）個の個体を残す．この X はピックアップ数と呼ばれるもので，過学習を防ぐために中間層ユニット数ができるだけ少ない個体を残すためのパラメータである．

Ⅱ. ニューラルネットワークの中間層ユニット数による並べ替え

　次に，個体の中間層ユニット数の少ない順に並べ替え，並べ替えられた個体群のうち，上位一世代分の個体を選択し，次の世代に残す．

　このように，通常の適応度を基準とした選択手法に加え，中間層ユニット数の少ない，高い汎化性能が期待できるニューラルネットワークが次の世代の集団に残るような選択基準を導入することによって，運転の途中における仕事（新たな銘柄製品の生産）の追加や装置の故障といった状況の変化に柔軟に対応しうるニューラルネットワークモデルの探索を効率化しうると考える．

交叉・突然変異の操作方法

　「交叉・突然変異」に関しては，ニューラルネットワークの中間層ユニット単位，すなわちブロック単位で単純交叉を行うことで，さまざまな中間層ユニット数をもつニューラルネットワークを生成している（図 4.33）．また，個体の集団が局所解に収束してしまいそうなときには，突然変異率を変化させるシミュレーテッ

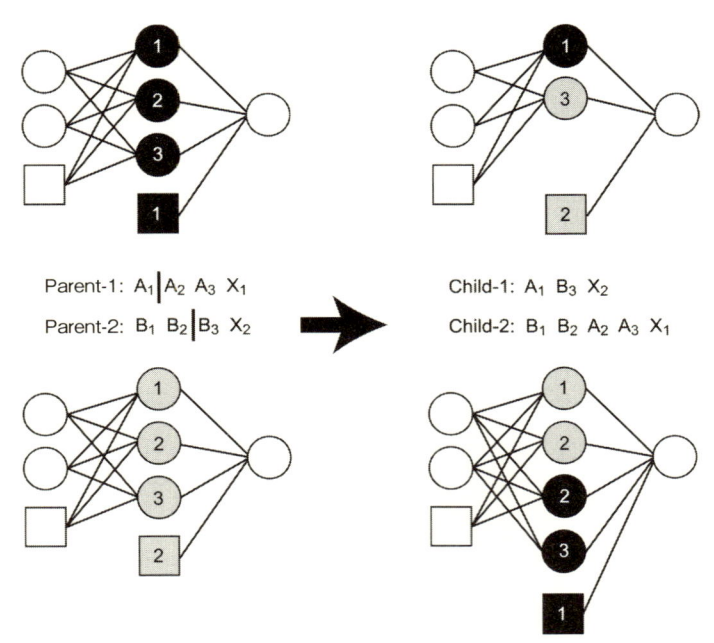

図 4.33 GANN の単純交叉操作例

ド・アニーリング法を適用している．つまり，適応度が高い個体が生成したときには突然変異率を下げて単純交叉による解の探索を行い，また集団が局所解に陥ったときには突然変異率を上げて探索空間を広げる操作を行うことにより，効率的かつ柔軟な探索を図っている．

GANN モデルのベンチマーク問題への適用

構築された GANN モデルの性能を評価するために，通常，最適解の知られている生産スケジューリング問題を用いたベンチマークテストを行う．生産スケジューリング問題の典型的なものの一つに，「ジョブショップ問題」がある．ジョブショップ問題は，各ジョブが2台以上の機械を使ってジョブごとに指定された順序で順次処理される場合に，各機械におけるジョブの最適処理順序を決定する問題である．（＊先述のフローショップ問題はジョブショップ問題に「各ジョブが2台以上の機械を使って指定された「同一工程順序」で順次処理される」という制約条件が付加されたスケジューリング問題とみなせる．）

ここでは，ジョブショップ問題のベンチマークテストとして，Muth and Thompson の10段階の工程をもつ10個の仕事を10台の機械で処理する $10 \times 10 \times 10$ 問題[26]）について GANN 手法を適用した例を紹介する．同問題については，評価指標（個体の適応度）をすべての仕事処理に必要な時間としており，個体の適応度の値が小さいほど優秀な個体とみなしている．個体の入力変数については，以下のように4変数を定義した．

仕事 J_k を機械 M_i で処理するとき，

$$x_1 = \frac{M_i における J_k の作業時間}{J_k の中でもっとも長い作業時間} \quad (4.36)$$

$$x_2 = \frac{経過時間}{J_k の総作業時間} \quad (4.37)$$

$$x_3 = \frac{1}{M_i で処理するときの J_k の処理順序} \quad (4.38)$$

$$x_4 = \frac{J_k の総作業時間 - J_k の累計作業時間}{制限時間}$$
(4.39)

分枝限定法（2.7.3項）により最小処理時間（最適解）は930と求められているが，著者らのGANN法を用いた場合，960という結果を短時間で得ることができ，スケジューリング問題の好適解を探索するのに有効な手法であると考えている．

GANN モデルの実問題への適用

本書では，運転中に仕事の追加や装置のメンテナンスなどの外乱が割り込むフローショップスケジューリング問題について，GANN手法を適用した例を紹介する[27]．著者らが考案した外乱適応型動的スケジューリングシステム（図4.34）の仕組みを説明する．はじめに，運転開始時の仕事群に対して，スケジューラとしてのニューラルネットワーク（NN）をGAを用いて最適化し，最適化されたニューラルネットワークを用いて運転計画を立てる．しかし，立案された計画に従った運転の途中で，前述のような外乱が生じた場合，その時点における計画では仕事をすべて処理することができない．そこで，ニューラルネットワークの汎化能力を期待し，まず前回の計画を立てるために使用したニューラルネットワーク（以後，"ANN-A"と呼ぶ）を用いて再スケジューリングを行うことが考えられる．また，外乱に対応した新しい運転計画を立てられない場合も想定し，再びGAを用いてニューラルネットワークの最適化を行い，新たな運転計画を立案することも考えられる．図4.34におけるGANNの再最適化については，直前の最適化の際に生成されたコードをもつ個体群が再利用されており，最適化の効率化を図っている．このように，再最適化されたニューラルネットワークを，以後，"ANN-B"と呼ぶことにし，次ページに示すようなフローショップ問題に適用した．

入力層のユニット数5，出力層のユニット数1で1層の中間層をもつ3層の階層型ニューラルネットワークをスケジューラとして用いた．ニューラルネットワークの入力変数と出力変数の選択については，工程P_iにおけるj番目の装置$M_{i,j}$に，仕事J_kを割り当てるとした場合，評価指標の式（式（4.40））を考慮して五つの入力変数を下記のように定義した．

$$x_1 = \frac{M_{i,j} における J_k を割り当てたときの処理時間}{P_i における J_k の最大処理時間}$$

$$x_2 = \frac{J_k の受注から現在までの処理時間}{J_k に設定した予定処理時間}$$

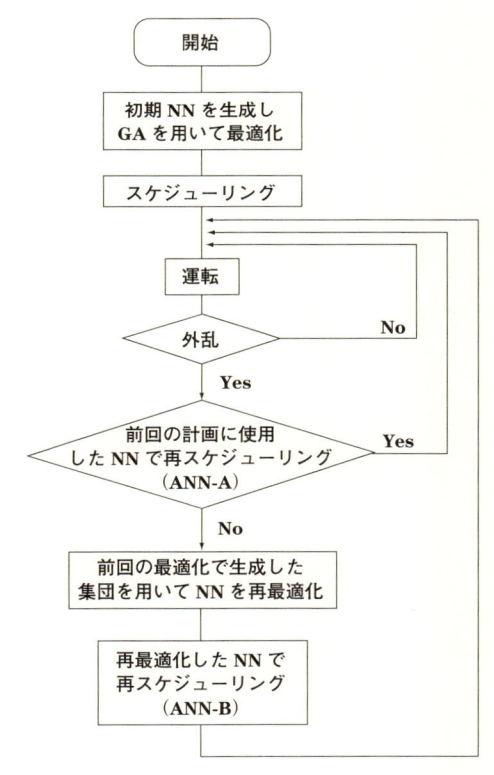

NN：ニューラルネットワーク
GA：遺伝的アルゴリズム

図 4.34 外乱適応型動的スケジューリングシステムの概要

【適用を試みたフローショップ問題】

対象システム

1工程につき3装置の，全部で3工程のバッチプロセスシステム（図4.35）を対象とする．各装置の処理性能については，表4.1に示すような相対的な無次元の数値とし，各工程ともに同じ性能の装置群を設定する（特定の工程で処理が律速になってしまう「ボトルネック」と呼ばれる現象を回避して，本スケジューリングシステムの有効性の検討が難しくなることを避けている）．

スケジューリング結果の評価

スケジューリング結果の評価指標については，次式の評価関数を用いる．

$$I = \left(\frac{T_A - T_N}{T_A}\right)^{w_1} \left(\frac{C_A - C_N}{C_A}\right)^{w_2} \quad (4.40)$$

T_A はすべての仕事を処理するために設定した制限時間，T_N はすべての仕事を処理するのに費やした時間，C_A は合計最大使用可能コスト，C_N は合計処理コスト，w_1 と w_2 は加重乗積評価の重み（$w_1 + w_2 = 1.0$）を表す．

スケジューリングにおける制約条件

- 一つの装置は同時に二つ以上の仕事を処理できず，また一つの仕事は同時に二つ以上の工程で処理されることはない
- 各仕事は，工程の順番を変えることはできない
- ある仕事 J_k が工程 P_i において処理を終了した時点において，工程 P_{i+1} の装置がすべて処理中の場合には，P_{i+1} におけるいずれかの仕事が処理を終えて次の工程の処理に移るまで，仕事 J_k を P_{i+1} で処理することはできない
- ある工程での処理を終えた仕事が，次の工程の装置がすべて処理中のために移動できない場合，その仕事に対して，単位時間ごとに「貯蔵コスト」20を加えることにする

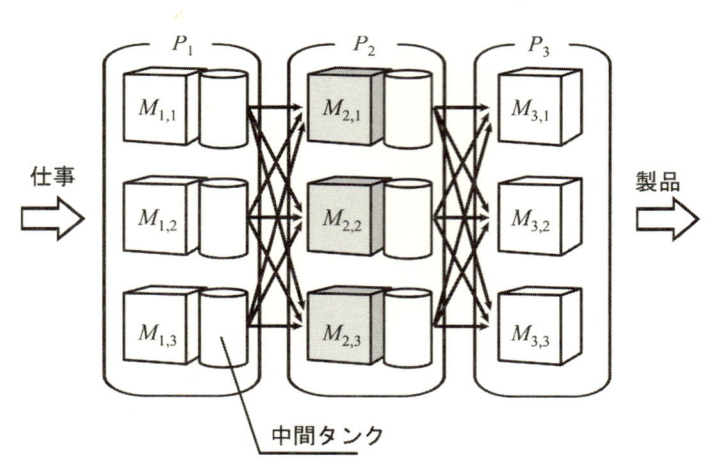

図4.35 中間タンクを考慮したフローショップスケジューリング問題

表4.1 装置の処理能力と処理コスト

	単位時間あたりの処理能力	単位時間あたりの処理コスト
$M_{p,1}$	15	5
$M_{p,2}$	18	7
$M_{p,3}$	24	10

$$x_3 = \frac{M_{i,j} における J_k を割り当てたときの処理コスト}{P_i における J_k の最大処理コスト}$$

$$x_4 = \frac{J_k の受注から現在までの処理コスト}{J_k の予定コスト}$$

$$x_5 = \frac{処理中の全仕事の合計処理コスト}{処理中の全仕事の合計最大使用可能コスト}$$

以上の入力に対するニューラルネットワークの出力値 y_1 と閾値 y_θ を比較し，仕事を割り当てるかどうかを決定する．

if $y_\theta \leq y_1 < 1$ then

　　仕事を装置に割り当てる

if $y_\theta > y_1 > 0$ then

　　仕事を装置に割り当てない

一つの装置に対して，複数の仕事の割り当ての要求があり，仕事ごとのニューラルネットワーク出力値がすべて閾値よりも大きい場合には，出力値がもっとも大きい仕事を割り当てる．ここで，閾値を設定したのは，先行する仕事の割り当てを後回しにする計画案も得られる可能性を考慮したためである．つまり，閾値が小さいほど前倒しに仕事を割り当てることになる．

既存のスケジュールによる運転の途中で，「新規仕事の追加」と「装置メンテナンス」があった場合に，再スケジューリングした結果の一例を以下に示す．

新規仕事の追加への対応

前回のスケジューリングから短時間で次の仕事が追加される場合や，追加された仕事が少ない場合などにおいては，ニューラルネットワークを改めて最適化することなしに，好適な計画の立案が可能である．たとえば，図4.36(a)において仕事 No.34 のスケジュールまでが立てられている状況で，時刻 455 に新たな仕事 No.35 が追加された場合，前回のスケジュールに用いたニューラルネットワーク（ANN-A）を利用することで図4.36(b)に示すように時刻 455 以降の新たなスケジュールが得られている．プロセス P_2 においては，装置 $M_{2,2}$ における仕事 No.31 と仕事 No.34 の処理の間の空き

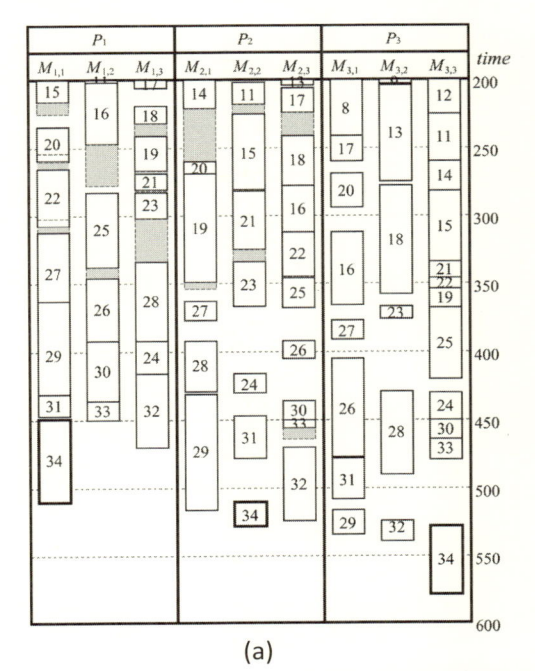

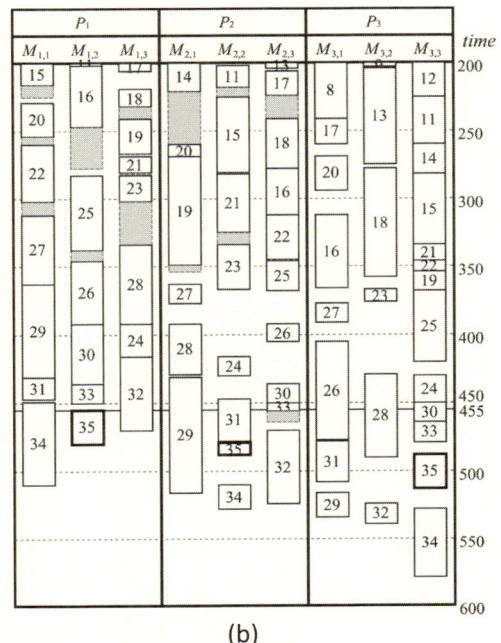

図 4.36　新規仕事の追加の場合のスケジュール結果[27]：
(a)元のスケジュール，(b)ANN-A による時刻 455 以降の再スケジュール案

時間に仕事 No.35 を割り当てるという柔軟な結果がみられ，プロセス P_3 においても同様の結果が得られる．しかし，追加する仕事数が多い場合に評価値の高い再計画案を立てるためには，ニューラルネットワークの GA による再最適化が必要であることは明らかである．

装置メンテナンスへの対応

装置のメンテナンスにおける再スケジューリング問題を次のように設定した場合の結果を紹介する．

> メンテナンスを行わなければならなくなった装置が遊休の場合，その時点からメンテナンスを始め，同時に再スケジューリングを行う．一方，メンテナンスを行わなければならなくなった装置が仕事を処理しているときには，その仕事が完了した時点でメンテナンスを始め，その時点で再スケジューリングも行う．

「装置メンテナンス」という問題に関しては，ニューラルネットワークの汎化能力に依存しただけのスケジューリング（ANN-A によるスケジューリングに相当）では，好ましい再計画案を立てられない例が多かった．たとえば，時刻 100 において，プロセス P_1 で稼働している装置 $M_{1,3}$ を急遽，時刻 109 からメンテナンスすることになった場合，前回のスケジューリングに用いたニューラルネットワーク（ANN-A）を利用することで図 4.37(a) のようなスケジュールが得られた（＊図中の黒いブロックは「メンテナンス」を示す）．一方，ニューラルネットワークの再最適化を行った場合（ANN-B を利用した場合），図 4.37(b) のように，すべての仕事 No.1～14 を終了するまでの時間が，ANN-A を用いたスケジュールより短縮された．このように，少数の装置中の 1 装置をメンテナンスするという厳しい制約は大幅な計画変更を引き起こすため，ニューラルネットワークの汎化能力だけで対処するのが難しいと考えられる．

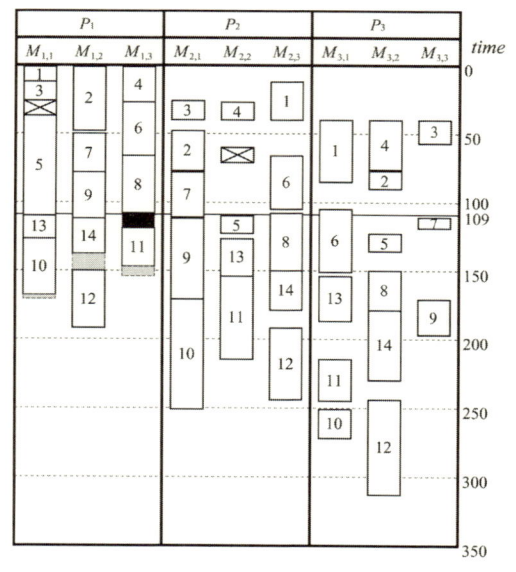

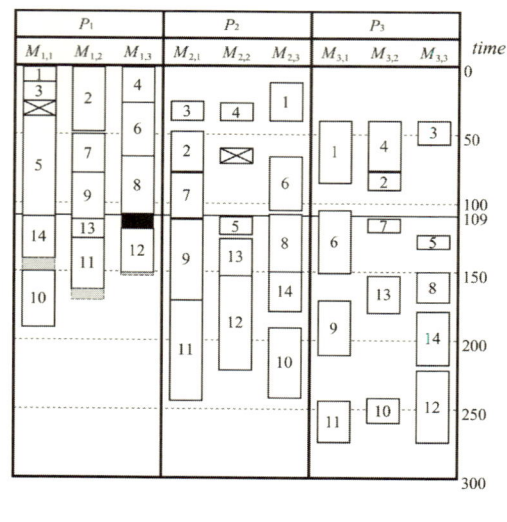

図 4.37 装置メンテナンスの場合のスケジュール結果[27]：
(a) ANN-A による再スケジュール案，(b) ANN-B による再スケジュール案

文　献

1) U. M. Fayyad, G. P.Shapiro, P. Smith and R. Uthurusamy eds. (1996) : Advances in Knowledge Discovery and Data Mining, AAAI Press.
2) 元田　浩, 津本周作, 山口高平, 沼尾正行 (2006) : データマイニングの基礎, オーム社.
3) I. H. Witten, E. Frank and M. A. Hall (2011) : Data Mining, 3rd edition, Morgan Kaufmann.
4) KDnuggets : http://www.kdnuggets.com/.
5) 間瀬　茂, 鎌倉稔成, 金藤浩司, 神保雅一 (2004) : 工学のためのデータサイエンス入門―フリーな統計環境 R を用いたデータ解析, 数理工学社.
6) K. Varmuza and P. Filzmoser (2009) : Introduction to Multivariate Statistical Analysis in Chemometrics, CRC Press.
7) R. Wehrens (2011) : Chemometrics with R, Springer.
8) C. M. Bishop 著, 元田　浩ほか監訳 (2012) : パターン認識と機械学習 上, 丸善出版.
9) R. O. Duda, P. E. Hart and D. G. Stork 著, 尾上守夫監訳 (2001) : パターン識別, 新技術コミュニケーションズ.
10) 麻生秀樹 (1988) : ニューラルネットワーク情報処理, 産業図書.
11) T. Kohonen 著, 徳高平蔵ほか訳 (2012) : 自己組織化マップ 改訂版, 丸善出版.
12) 山下善之 (2010) : "計測とモニタリング," 化学工学, **74**(8), 378-380.
13) 山下善之監修 (2011), 計測・モニタリング技術, シーエムシー出版.
14) T. Kourti (2002) : Process analysis and abnormal situation detection : From theory to practice," *IEEE Control Systems*, **22**(5), 10-25.
15) 加納　学, 山下善之 (2005) : "プロセス制御系の制御性能評価と監視," 計測と制御, **44**(2), 125-129.
16) L. H. Chiang, E. L. Russell and R. D. Braatz (2001) : Fault Detection and Diagnosis in Industrial Systems, Springer.
17) 小西信彰, 山下善之 (2008) : "計装技術の最新動向," システム制御情報学会誌, **52**(8), 298-303.
18) 橋本伊織, 長谷部伸治, 加納　学 (2002) : プロセス制御工学, 朝倉書店.
19) M. Kano and K. Fujiwara (2013) : "Virtual sensing technology in process industries : Trends and challenges revealed by recent industrial applications," *J. Chem. Eng. Japan*, **46**, 1-17.
20) J. H. Kalivas (1997) : "Two data sets of near infrared spectra," *Chemometr. Intell. Lab. Syst.*, **37**, 255-259.
21) D. M. Scott and H. McCann eds. (2005) : Process Imaging for Automatic Control, CRC Press.
22) H. Matsumoto, R. Masumoto and C. Kuroda (2009) : "Feature extraction of time-series process images in an aerated agitation vessel using self organizing map," *Neurocomputing*, **73**, 60-70.
23) J. -S. R. Jang (1993) : ANFIS : "Adaptive-network-based fuzzy inference system," *IEEE Trans. Syst., Man, Cybern.*, **23**, 665-685.
24) H. Matsumoto, C. Lin and C. Kuroda (2009) : "Structure identification of adaptive network model for intensified semibatch process," *J. Chem. Eng. Japan*, **42**, 910-917.
25) F. Teymour (1997) : "Dynamics of semibatch polymerization reactors : I. Theoretical analysis," *AIChE J.*, **43**, 145-156.
26) J. F. Muth and G. L. Thompson (1963) : Industrial Scheduling, Prentice Hall.
27) M. Abe, H. Matsumoto and C. Kuroda (2002) : "An artificial neural network optimized by a genetic algorithm for real-time flow-shop rescheduling," *Int. J. Knowl. Base. Intell. Eng. Syst.*, **6**, 96-103.

5 プロセス強化への展開

　本書はシステムの性質を解析する分野と，そのために必要となるモデリング・シミュレーション手法の分野に関する書ではあるが，図1.5あるいは図1.7で示したように，システム解析はシステム合成，システム運用のためのものであり，モデリング・シミュレーションもシステム計画・設計のためのものである．本章ではグリーンプロセス工学（Green Process Engineering；GPE）[1]を目指しながら，複雑システム解析方法のプロセス強化への展開について述べることにする．

　本章は3節で構成されていて，最終の5.3節では本書を編集し執筆する契機になった"プロセス強化の指針"に触れている．ここで，プロセス強化技術の目指すところを簡潔に表現すれば，"装置設計，エネルギー供給系設計，操作設計の革新的な統合化による相乗効果"であり，それが全プロセスシステムの複雑化に結びつくことは必至であると考える．結果として，本書で述べてきた複雑システムの解析方法や最適化方法がプロセス強化技術にとって必須のものとなっている．しかし，プロセスの安全設計の観点から考えると，できるだけシンプルなシステムでプロセス強化技術を実現できることが望ましく，5.1節の工学設計の公理や5.2節の本質安全設計の考え方と関連づけながら，プロセス強化について検討すべきであると考えている．

5.1 工学設計の公理

　工学設計を概念図で表現すると図5.1のようになる．すなわち，機能領域の必要機能を満たす実体領域の適切な設計パラメータを選択し，必要機能と設計パラメータとの間の写像によって必要機能を満たすような製品，製造プロセスなどを創り出すことである．

　上記の写像関係は一意的ではなく，必要機能を満たす複数の設計解が得られるのが通常である．工学的な観点から好ましい設計解を得るために写像方法が満たすべき原理が工学設計の公理[2]であり，以下の二つの公理がある．ただし，これらは数学的公理とは異なり，多くの工学的設計事例に基づいた経験的原理と解釈してもらいたい．

　公理1（独立公理）：必要機能と設計パラメータとの間に独立性を保つ

　公理2（情報公理）：設計のための情報量を最小化する

公理1は，必要機能と設計パラメータが1対1に対応するようにして，一つの設計パラメータは対応する一つの必要機能を満たすように写像するのが好ましいということである．つまり，

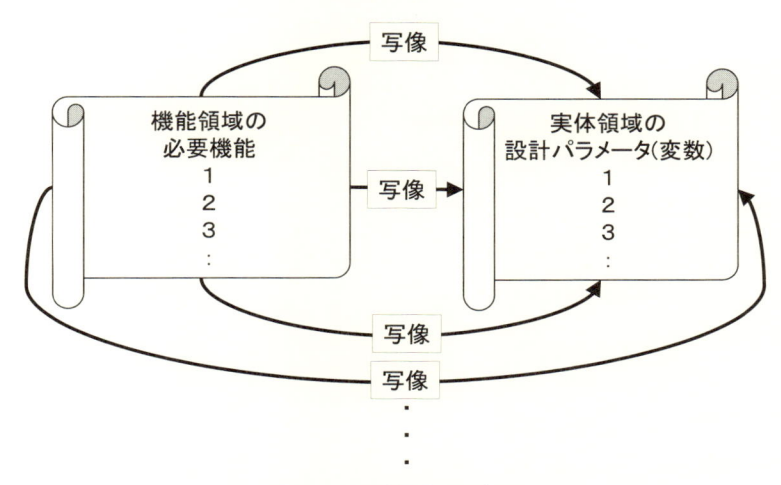

図5.1　工学設計の概念図

一つの設計パラメータを変化させたとき，影響を受ける必要機能が一つになるように単純な設計をしたほうがよいということになる．また，公理2は公理1を満たす設計のうち，設計の際に要する情報量が最小のものがもっとも好ましいということである．ここで，工学設計における情報量は，$\log_2$（設計全範囲／設計許容範囲）と定義され，単位はビット（bit）である．複数の必要機能があるとき，それらが独立とみなせるならば，全体の情報量は各必要機能に関する情報量の総和となる．情報量をできるだけ小さくする方法は以下のように考えられる．

1) 提案された設計に対してできるだけ多くの制約条件をつけて設計全範囲を狭める
2) 設計許容範囲をできるだけ広く設定し，必要以上の精度を求めない
3) 必要機能，設計パラメータの数を必要最小限にとどめる

以上を総じていえば，"Simple is best." に尽きるが，このコンセプトが次節で述べる本質安全設計の考え方に大いに関連している．

5.2　本質安全設計の考え方

化学プロセスの安全性を保つために，図5.2に示すような8層からなる独立防御層（independent protection layer）が考えられているが，本質安全設計（inherently safer design）の検討が，その第1層に位置する[3]．また，本質安全設計は安全性だけではなく，人間に優しい化学プロセスを創るためのものでもある．

本質安全設計を実現するための基本的指針は以下の四つであり[4]，早期の段階から以下の基

化学プラントの独立防御層
(Independent Protection Layer)

IPL8：地域防災計画
IPL7：事業所内の避難計画
IPL6：設備による事業所外への影響防止
IPL5：設備（安全弁など）による安全確保
IPL4：自動安全計装システム
IPL3：危機警報，監視と手動操作
IPL2：基本制御システムによる安全運転
IPL1：本質安全設計の検討

図5.2　化学プラントの安全性を保つための8層からなる独立防御層

本指針に従って設計を行うことが望ましい.

1) 強化（intensification）：危険物質をできる限り少量で使用するような効率的設計を行う
　この概念は最小化（minimization）とも呼ばれ，5.3節の内容とも関連する
2) 代替（substitution）：危険物質を安全な代替物質で置き換えるような設計を行う
3) 縮減化（attenuation）：危険の少ない条件下で使用できるように設計を行う
　この概念は温和化（moderation）とも呼ばれる
4) 簡素化（simplification）：無駄な複雑性をなくし，誤りをなくすような単純な設計を行う

以上のような基本概念を生む背景には多くの事故のもつ背後要因があり，その根幹をなすものが人間の誤り（human error）である．特に近年の事故の背後要因には，要員数の減少，熟練者数の減少，トラブル経験の減少，異常時の対応能力低下などが目立っている．基本的に人間は自分を中心に環境を理解し（自己中心性），客観的理解は意図的に行わなければならず（客観視の難しさ），理解した環境と現実の環境が一致しないと人間は誤りを犯すことになる．すなわち人間が関与する限り絶対安全は難しく，むしろ危険を抑制する手段を考えることが必要である．人間が誤って事故を起こしても，被害を最小限に抑えるために，設計段階から安全を意識するのが本質安全設計であり，その基本指針が上記の四つである．中でも強化（最小化）と簡素化は5.1節の内容とも関連しつつ5.3節のプロセス強化の指針とも深く関わっている．

5.3　プロセス強化の指針

プロセス強化（Process Intensification；PI）とは，モデルベースのプロセス最適設計戦略であり，飛躍的な性能向上（quantum leap）を目指したグリーンプロセス工学（Green Process Engineering；GPE）のための技術革新構想として捉えている[5]．

しかし，本節を執筆している2013年現在においても，"How do we define PI ?" と "How does PI differ from other areas of process engineering ?" への明快な答えについては，未だ議論が終結したようには思えない．日本においては，5.2節の本質安全設計の考え方の中で述べたように"intensification"を"強化"と翻訳するのが一般的であるが，日本語の強化の意味がはたして適切かどうかについては疑問を残しておく．

本節では，英国で生まれ欧米で展開してきたPIと，その翻訳語であるプロセス強化を比較検討し，それらの動向を探りながら，プロセス強化の指針と実現のための手法について独自の見解を述べるとともに，GPEの動向とPIとの接点についても述べる．また，本書の主題の一つである複雑システム解析の重要性とも関連していることを説明する．

5.3.1　PIとプロセス強化の歴史と動向

PIという構想は英国の化学企業 Imperial Chemical Industries（ICI）に端を発する．1970年代後半から1980年代にかけてのintensificationはminimizationとほぼ同じ意味をもち，本質安全設計における最小化（小型化）の言い換えとして扱われていたことは5.2節ですでに述べた．

日本においてPIという言葉が注目され始

たのは，Chemical Engineering Progress誌の2000年1月号掲載のPI特集論文[6]からであろう．一方，化学プラントにおけるintensificationが強化と翻訳された最初は，本質安全設計を論じた翻訳書[4]であると思われ，最小化（小型化）の言い換えとして翻訳されている．しかし，intensificationの構想は大きく膨らみ，一方で強化の捉え方も変化してきている．

1970年代後半にICI社が開発した回転遠心場を利用した蒸留のためのHigee技術は，プロセスの本質安全設計戦略の成果であり，初期のPI技術開発といえるものである．本質安全プロセス設計は新規プロセス設計の段階から安全操作・運転を十分に考慮した設計を行うことを推奨するものである．もっとも重要な概念がintensificationであり，minimizationとほぼ同じ意味をもち，「安全のために危険な物質の所在量を最少化し，少ない所在量で効率よく処理を成し遂げるような小型プロセスを設計する」である．そしてこの考え方は，マイクロ化学プロセスに代表されるコンパクト化技術として現在もPI技術の中核となっている．

しかし1990年代以降，安全，小型化に注目した考え方に変化がみられ，オーダーが変わるほどの飛躍的な性能向上を実現する革新的技術開発の意味合いが増し，コスト，省エネルギー，省資源，市場投入時間の短縮などの実用・経済的観点からの評価についても論じられるようになった．そして，2000年以降，Stankiewiczによって「PIは革新的な装置，処理技術，プロセス開発法からなり，化学・生化学の製造・処理技術に著しい改善をもたらす」という企業戦略的なまとめに至っている．すなわち，持続可能な社会を実現するためのプロセス設計戦略の革新という意味が強くなってきている．図5.3に示すように，環境・安全・健康（Environment, Safety

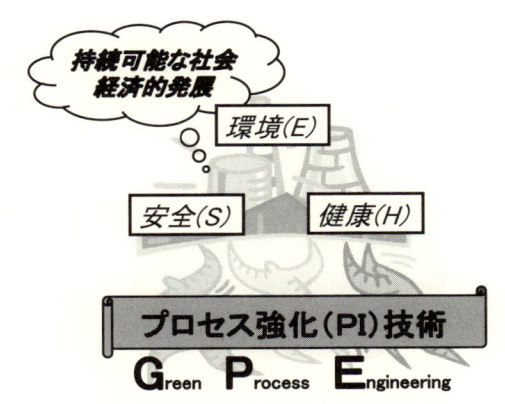

図5.3 GPEの目標とプロセス強化（PI）技術の役割（文献1）を一部改変）

and Health；ESH）の改善を意識しながら経済的発展も維持し続けることのできる持続可能社会を実現するためのプロセス工学，すなわちGPEの中核としてPIを位置づけるのが適切であろう．そしてPI技術はグリーンケミストリー（Green Chemistry；GC）とグリーンエンジニアリング（Green Engineering；GE）とを融合した化学プロセス技術と言い換えることも可能であり，その達成は物質設計→デバイス設計→プロセス設計の通観を可能にできるか否かにかかっている．すなわち，分子からプラントまでを通観できるマルチスケールのシステム解析に基づくPI技術へと展開していくと考えられる．

5.3.2　グリーンエンジニアリング（GE）に始まるグリーンプロセス工学（GPE）

GEの必要性は，1998年のAIChE Annual Spring Meetingにおける1セッションでの産学からの強い要請に始まる．その後，米国の環境保護局（EPA）のもとでGEプログラムが推進されてきている．GEの必要性の背景には，公害防止，GC，LCA（Life Cycle Assessment），環境設計，産業エコロジーなどへの強い要請があったためと考えられる．そして，米国EPAの当時のホームページには，GEは以下のように定義されて

> Green engineering is the design, commercialization and use of processes and products that are feasible and economical while:
> Reducing the generation of pollution at the source.
> Minimizing the risk to human health and the environment.

これを化学プロセスの観点から言い換えれば、「エネルギー消費と不必要な副生成物の発生を最小限にしつつ、危険物質の使用を不要に、もしくは削減できるプロセスシステムと単位プロセスの設計戦略」となる。そして、先に述べた「安全と小型化から始まり、持続可能な社会の実現を目指すプロセス設計戦略の革新」というPIの構想と相通じるものがある。

製品あるいはプロセスの全ライフサイクルを通して、環境へのインパクトを最小にすることを目的としつつ、物質・材料、デバイス、プロセス、システムのすべてに焦点を合わせているのがGEであり、簡潔にいえば、プロセスデザインと環境・安全・健康評価の合体、設計と商業化の合体、学会と産業界の合体などをGEプログラムのゴールと考えている。そして、分子設計レベルにまで焦点を合わせたGPEの構想が提唱され、GCとGEの合体の方向性が示唆されており、「分子の金への変換」というテーマが明示されるに至っている。このようなGPEを実現するために求められているのが具体的なPI技術ということになる。

5.3.3 PI技術の動向と重要課題

図5.4にはStankiewiczがEquipmentとMethodsに分けて分類したPI技術例を示す[6]。

PI技術の動向を探るのに際して、三つのプロセスシステム工学的観点がある。すなわち、オンサイトシステムの観点、オフサイト（ユーティリティー）システムの観点、そしてオペレーションシステムの観点である。図5.4にみられる数多くのPI要素技術を上述の観点で分類し直すと、たとえば、マイクロリアクターや多機能反応器はオンサイトシステムの観点、光や超

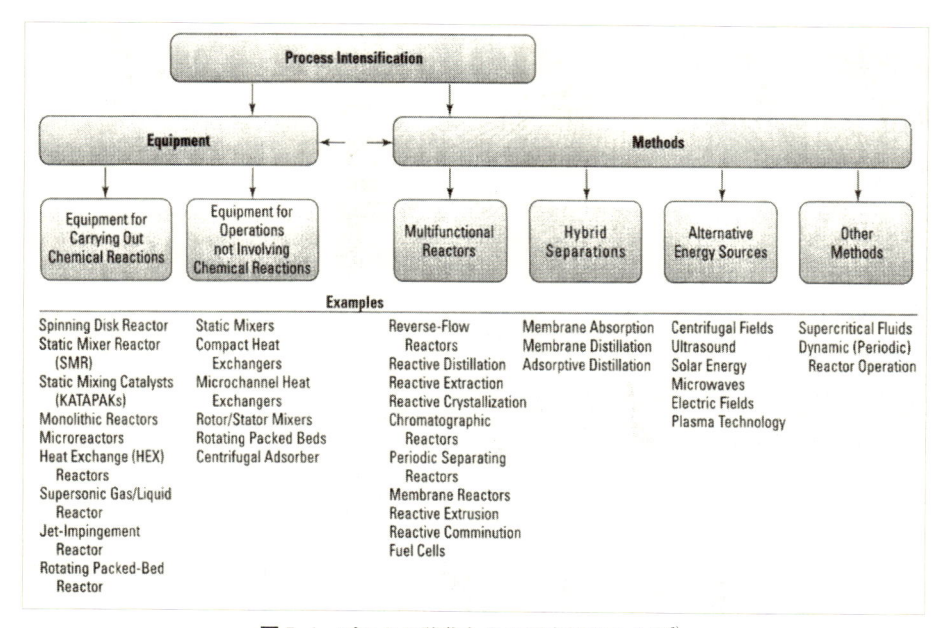

図5.4 プロセス強化とその要素技術の分類[6]

音波の利用はユーティリティーシステムの観点，超臨界流体操作や動的（振動）操作はオペレーションシステムの観点での代表的技術と考えられる．

しかし，それぞれの技術を単独で使用しているだけでは，飛躍的性能向上を実現することは難しいと考える．ここに革新的なシステム設計論的構想の導入，すなわち上記3種類のシステムを組織的かつ知的に統合化 (integration) することにより，プロセスシステム全体としてのシナジー (synergy) 効果（共働効果，相乗効果）を狙うことが必要である．以上のように，PI の"I"は intensification とともに improvement, innovation, integration, さらに intelligence までも含むであろうと考える．シナジー効果による創発 (emergence) を意識して，著者らが提唱している人間の情報処理機能をモデル化した人間指向の知的システム技術 (Human-oriented Intelligent System Technology；HIST) にも，PI の実現手段を見出せるのではないかと期待している．

一方，プロセスシステムの組織的な統合化やコンパクト化は，精密要素が緻密に詰まった複雑なシステムを生み出すことになり，上述の物質設計→デバイス設計→プロセス設計を通観する複雑なシステム設計戦略が求められる．そこでの最重要課題が動的複雑システムのマルチスケールモデリング・シミュレーションであり，その詳細は 3.2 節で述べたとおりである．現象論的モデルに立脚しつつ，仮説形成と要素の分解・統合を繰り返しながら設計を行う構成論的設計手法により，シナジー効果による飛躍的性能向上の実現手段が見出せるのではないかと期待している．

最後に，今後に期待することは，「化学プロセスの単位操作に共通する問題を研究するためのマルチスケール移動現象論のさらなる展開」と，「本質安全プロセス設計の概念から発するプロセス強化のさらなる展開」である．改めてプロセス強化とは，化学装置・プロセス内の現象を解析・モデル化し，それらの知識を構造化・体系化して，プロセスの構造・エネルギー供給・操作の組織的かつ効果的な組合せ・活用を行う統合化されたプロセス設計の最適化戦略であり，最重要課題は複雑システムの精密で効率的かつ柔軟なモデリング・シミュレーション技術のさらなる展開である．

文　　献

1) 黒田千秋，松本秀行 (2008)："グリーンプロセス工学 (GPE) とプロセス強化 (PI)，" 化学工学，**72** (4)：180-183.
2) N. P. Suh 著，畑村洋太郎訳 (1992)：設計の原理，1〜5章，朝倉書店．
3) D. A. Crowl ed. (1996)：Inherently Safer Chemical Processes, pp. 7-12, Center for Chemical Process Safety of the AIChE.
4) T. Kletz 著，長谷川和俊訳 (1995)：化学プラントの本質安全設計，化学工業日報社．
5) 黒田千秋，松本秀行，藤岡沙都子 (2008)："プロセス強化を目指した現象論的モデリングとシミュレーション，" 化学工学論文集，**34** (1)：1-7.
6) A. I. Stankiewicz and J. A. Moulijn (2000)："Process Intensification: Transforming chemical engineering," *Chem. Eng. Prog.*, **96** (1)：22-34.

索引

欧文

AHP (Analytic Hierarchy Process)　13
AIC (Akaike Information Criterion)　25
ANFIS (Adaptive-Network-based Fuzzy Inference System)　78
ANN (Artificial Neural Network)　63
AR (Auto Regressive) モデル　22
ARMAX (Auto-Regressive Moving Average eXogenous) モデル　26
ARX (Auto-Regressive eXogenous) モデル　25

BFD (Block Flow Diagram)　5
BP (error Back Propagation method)　65

CFD (Computer Fluid Dynamics)　42
Computer Fluid Dynamics (CFD)　42

DCS (Distributed Control Systems)　70
DM (Data Mining)　57

ESH (Environment, Safety and Health)　95

FPE (Final Prediction Error)　25

GA (Genetic Algorithm)　35
GANN　83
GC (Green Chemistry)　95
GE (Green Engineering)　95
GPE (Green Process Engineering)　92

ICA (Independent Component Analysis)　60
Interpretive Structural Modeling (ISM)　9
ISM (Interpretive Structural Modeling)　9

k-means 法　63, 75
k-NN (k-Nearest Neighbor)　62
k-近傍法 (k-Nearest Neighbor ; k-NN)　62

LP (Linear Programming)　34
MA (Moving Average) モデル　23
MINLP (Mixed Integer Nonlinear Programming)　35
MPC (Model Predictive Control)　72

P&ID (Piping & Instrument Diagram)　5
PCA (Principle Component Analysis)　60
PFD (Process Flow Diagram)　5
PI (Process Intensification)　94
PID 制御 (Proportional-Integral-Differential control)　71
PLS (Partial Least Square ; または Projection to Latent Structure) 回帰　59
PSE (Process Systems Engineering)　3

quantum leap　94

SOM (Self Organizing Map)　65
SPC (Statistical Process Control)　68
subtractive clustering method　81

TPN (Timed Petri Net)　46

あ 行

赤池情報量規準 (Akaike Information Criterion ; AIC)　25
アーク (ark)　46
悪構造問題 (ill-structured problem)　2
アトラクタ (attractor)　22

閾値 (threshold value)　89
意思決定問題 (decision making problem)　11
一対比較行列 (matrix for pairwise comparison)　13
遺伝的アルゴリズム (Genetic Algorithm ; GA)　35, 83
遺伝的ニューラルネットワーク (GANN)　83
移動平均 (Moving Average ; MA) モデル　23
インパルス不変近似　17

運転計画　87

エイリアシング (aliasing)　18
エージェント (agent)　50
エルゴード性 (ergodic)　22

黄金分割法 (golden section method)　33
オフサイトシステム　3
オペレーションシステム　3
重み付け総合評価手法　11
オンサイトシステム　3

か 行

開システム (open system)　2
解析 (analysis)　4
階層化　9
階層化意思決定法 (Analytic Hierarchy Process；AHP)　13
階層型ニューラルネットワーク　79
階層構造 (hierarchical structure)　2
ガウス関数 (Gaussian function)　79
カオス現象 (chaos phenomenon)　27
過学習 (over training)　64, 81
化学プロセス (chemical process)　3
撹拌槽　76
確率過程 (stochastic process)　22
加重乗積評価　88
加重乗積法　13
加重平均法　13
カスケードモード (cascade mode)　82
仮想計測 (virtual metrology)　73
可達行列 (reachability matrix)　9
カーネル法 (kernel method)　61
カルマンフィルタ (Kalman filter)　27
含意 (implication)　30
頑健性 (robustness)　50
簡素化 (simplification)　94

記号論理 (symbolic logic)　29
帰納学習 (inductive learning)　62
規模の効果 (scale merit)　4
逆問題 (inverse problem)　6
強化 (intensification)　94
教師付きニューラルネットワーク　78, 83
強連結グラフ (strongly connected graph)　9
局所最適値 (local optimum)　14

組合せ最適化問題 (combinatorial optimization problem)　35
組合せ爆発 (combinatorial explosion)　35
クラスタリング (clustering)　77
クリスプ集合 (crisp sets)　31
グリーンエンジニアリング (Green Engineering；GE)　95
グリーンケミストリー (Green Chemistry；GC)　95
グリーンプロセス工学 (Green Process Engineering；GPE)　92

経験的ネットワークモデリング手法　74
契約ネットモデル (contract net model)　50
決定木 (decision tree)　62
ゲーム的意思決定問題 (game decision making problem)　11
ゲーム理論 (theory of games)　11

工学設計の公理　92
交叉 (crossover)　36, 85
交差検証 (cross validation)　81
後進差分近似 (backward difference approximation)　18
合成 (synthesis)　4
構成要素 (components)　2
構造 (structure)　2, 8
構造モデル (structural model)　8
好適システム (suitable system)　13
誤差逆伝搬法 (error Back Propagation method；BP)　65
混合整数非線形プログラミング (Mixed Integer Nonlinear Programming；MINLP)　35

さ 行

最急降下法 (steepest descent method)　34
最近傍法 (nearest neighbor)　62
最終予測誤差 (Final Prediction Error；FPE)　25
最小二乗法 (least squares method)　25, 59, 81
再生 (reproduction)　36, 84
最適意思決定問題 (optimal decision making problem)　11
最適化 (optimization)　1, 13, 87
最適解 (optimal solution)　14
サブシステム (subsystem)　2
参照軌道 (reference trajectory)　72
サンプリング定理 (sampling theorem)　18

時間ペトリネット (Timed Petri Net；TPN)　46
シグモイド関数 (sigmoid function)　77
自己回帰・移動平均 (ARMA) モデル　23
自己回帰 (Auto Regressive；AR) モデル　22
自己相関関数 (auto-correlation function)　23
自己組織化マップ (Self Organizing Map；SOM)　65, 75
システム (system)　1
システム工学 (systems engineering)　1, 2
シナジー (synergy)　97
シミュレーション (simulation)　6
シミュレーテッド・アニーリング法　85

重回帰分析（multiple regression）　59
集中システム（centralized system）　2
集中定数系（lumped parameter system）　7
柔軟性（flexibility）　50
縮減化（attenuation）　94
縮約　9
主成分分析（Principle Component Analysis；PCA）　60, 75
順問題（direct problem）　6
状態空間モデル（state-space model）　26
常微分方程式（ordinary differential equation）　16
情報公理　92
ジョブショップ問題（job-shop problem）　86
自律系（autonomous system）　20
自律分散協調型　51
進化論的計算手法（evolutionary computation）　35
人工システム（artificial systems）　2
人工ニューラルネットワーク（Artificial Neural Network；ANN）　63, 90
真理値表（truth table）　29

推定性能　82
推論（reasoning）　30
数理計画法（mathematical programming）　13
スケールアップ（scale-up）　3
スケルトン（skeleton）　9
スラック変数（slack variables）　14

制御変数（control variables）　14
制約条件（constraints）　13
積分時間（integral time）　71
切断　10
線形計画法（Linear Programming；LP）　34
潜在変数（latent variable）　59
前進差分近似（forward difference approximation）　18

双一次近似（bilinear approximation）　18
相関次元（correlation dimension）　29
想起（retrieval）　67, 78
相互スペクトル密度関数（cross-spectral density function）　23
相互相関関数（cross-correlation function）　23
装置メンテナンス　90
創発（emergence）　50, 97
ソフトセンサー（soft sensor）　73, 80

た　行

大域的最適値（global optimum）　14
代替（substitution）　94
多系列化（numbering-up）　3
多重共線性（multicolinearity）　59
単位操作（unit operation）　3
単位プロセス（unit process）　3

単回帰分析（single regression）　59
単純交叉　85

中間層（隠れ層）ユニット（hidden units）　84

定性シミュレーション（qualitative simulation）　20
適応度比例戦略　85
適応ネットワーク型ファジイ推論システム（Adaptive-Network-based Fuzzy Inference System；ANFIS）　78
デザインスパイラル（design spiral）　5
データマイニング（Data Mining；DM）　57
データモデリング　74
電気浸透流　43
伝達関数（transfer function）　16
統計的プロセス管理（Statistical Process Control；SPC）　68
統合化（integration）　97
動的スケジューリング問題（dynamic scheduling problem）　84
特異点（singular point）　20
特異点解析（singular point analysis）　20
独立公理　92
独立成分分析（Independent Component Analysis；ICA）　60
独立防御層（independent protection layer）　93
トークン（token）　46
突然変異（mutation）　37, 85
トランジション（transition）　46

な　行

ナンバリングアップ（numbering-up）　53

二段階選択手法　85
二分法（bisection method）　33
ニュートン（Newton）法　33
人間の誤り（human error）　94

は　行

ハイブリッドシミュレーション（hybrid simulation）　42
バッチプロセスシステム（batch process systems）　88
パラメータ調整（parameter tuning）　81
パワースペクトル密度関数（power spectral density function）　23
半回分式酢酸ビニル重合プロセス　80
汎化性能（能力）（generalization ability）　81, 90
判別分析（discriminant analysis）　61

非線形振動（nonlinear oscillation）　49
非ファジイ化（defuzzification）　79
微分時間（differential time）　71

評価 (evaluation)　　1, 11
評価関数　　88
比例ゲイン (proportional gain)　　71

ファジイ化 (fuzzification)　　79
ファジイ集合 (fuzzy sets)　　30
ファジイ推論 (fuzzy reasoning)　　32
ファジイ推論システム　　78
複雑系 (complex system)　　39
ブラックボックス (black box) モデル　　7
プレース (place)　　46
フローショップ問題 (flow shop problem)　　88
プロセス画像　　75, 76
プロセス強化 (Process Intensification；PI)　　40, 73, 94
プロセスシステム (process systems)　　3
プロセスシステム工学 (Process Systems Engineering；PSE)　　3
プロセス状態診断　　78
プロセスモニタリング (process monitoring)　　68
分岐ダイアグラム (bifurcation diagram)　　28
分散システム (distributed system)　　2
分散性 (decentralization)　　50
分枝限定法 (branch and bound method)　　87
分布定数系 (distributed parameter system)　　7

閉システム (closed system)　　2
ペトリネット (Petri net)　　46
ベンチマーク問題 (benchmark problem)　　86

ポアンカレ-ベンディクソンの定理 (Poincaré-Bendixon theorem)　　22
ボトルネック法 (bottleneck procedure)　　10
ホールド等価近似　　16
ホロニック (holonic)　　2
ホワイトボックス (white box) モデル　　7
本質安全設計 (inherently safer design)　　93

ま 行

マイクロ化学プロセス (micro chemical process)　　51
マーキング (marking)　　47
マクロサイエンス (macro-science)　　39
マルチエージェントモデリング (multi-agent modeling)　　50
マルチスケール (multi-scale (multi-viewpoint))　　41
マルチスケールモデリング・シミュレーション　　74

無向グラフ (non-directed graph)　　9

命題論理 (propositional logic)　　29
メンバーシップ関数 (membership function)　　30, 78, 80

模擬 (modeling-simulation)　　1
目的関数 (objective function)　　13
モデル (model)　　6
モデル化 (modeling)　　6
モデル予測制御 (Model Predictive Control；MPC)　　72
モニタリング (monitoring)　　67

や 行

山登り法 (hill climbing method)　　34

有向グラフ (directed graph)　　9
ユーティリティーシステム (utility system)　　3
ユール-ウォーカー (Yule-Walker) 方程式　　25

ら 行

ラグランジュの未定乗数法 (Lagrange multiplier method)　　34
ラプラス変換 (Laplace transform)　　16

リアプノフ指数 (Lyapunov index)　　28
離散時間システム (discrete time system)　　16
リミットサイクル (limit cycle)　　21
量子化誤差 (quantization error)　　19
隣接行列 (adjacent matrix)　　9

ルールベースシステム (rule based system)　　30
ルーレット戦略　　85

レーベンバーグ-マーカート (Levenberg-Marquardt) 法　　81

論理積 (logical conjunction)　　29
論理和 (logical disjunction)　　29

編集者略歴

黒田　千秋
（くろだ　ちあき）

1948年　東京都に生まれる
1978年　東京工業大学大学院理工学研究科化学工学専攻博士課程修了
1986年　東京工業大学資源化学研究所助教授
1995年　東京工業大学理工学国際交流センター教授
1999年　東京工業大学大学院理工学研究科化学工学専攻教授
　　　　現在に至る，工学博士

シリーズ〈新しい化学工学〉4
システム解析　　　　　　　　　　　　　　　　定価はカバーに表示

2014年3月10日　初版第1刷

　　　　　　　　　　　編集者　黒　田　千　秋
　　　　　　　　　　　発行者　朝　倉　邦　造
　　　　　　　　　　　発行所　株式会社　朝　倉　書　店
　　　　　　　　　　　　　　　東京都新宿区新小川町6-29
　　　　　　　　　　　　　　　郵便番号　162-8707
　　　　　　　　　　　　　　　電話　03(3260)0141
　　　　　　　　　　　　　　　FAX　03(3260)0180
　　　　　　　　　　　　　　　http://www.asakura.co.jp
〈検印省略〉

©2014〈無断複写・転載を禁ず〉　　　　　　新日本印刷・渡辺製本

ISBN 978-4-254-25604-8　C3358　　　　　　Printed in Japan

JCOPY 〈(社)出版者著作権管理機構　委託出版物〉

本書の無断複写は著作権法上での例外を除き禁じられています．複写される場合は，そのつど事前に，(社)出版者著作権管理機構（電話 03-3513-6969，FAX 03-3513-6979，e-mail: info@jcopy.or.jp）の許諾を得てください．

前東工大 小川浩平編	化学プロセスにおける流体の振舞いに関する基礎を解説。〔内容〕運動量移動の基礎／乱流現象／混相流／混合操作・分離操作／差分法の基礎／相似則／流体測定法／機械的操作の今後の展開／補足（応力テンソルの定義／質量基準の粒子径分布他）
シリーズ〈新しい化学工学〉1 **流体移動解析** 25601-7 C3358　B5判 180頁 本体3900円	
東工大 太田口和久編 シリーズ〈新しい化学工学〉2 **反応工学解析** 25602-4 C3358　B5判 136頁 本体3000円	化学工学のみならず環境科学、生物学、医化学等で活用される反応工学の知識体系の全体像を丁寧に解説〔内容〕生物反応過程とモデリング／反応過程の安定性／気液反応／気固反応、固液反応／触媒反応工学／生物反応工学／非理想流れ反応器
東工大 伊東 章編 シリーズ〈新しい化学工学〉3 **物質移動解析** 25603-1 C3358　B5判 136頁 本体3000円	工業的分離プロセス・装置における物質移動現象のモデル化等を解説。〔内容〕物性値解析(拡散係数他)／拡散方程式解析(物質拡散の基礎式他)／物質移動解析の基礎(物質移動計数と無次元数他)／分離プロセスの物質移動解析(調湿他)
化学工学会監修　名工大 多田 豊編 **化学工学**（改訂第3版） ―解説と演習― 25033-6 C3058　A5判 368頁 本体2500円	基礎から応用まで、単位操作に重点をおいて、丁寧にわかりやすく解説した教科書、および若手技術者、研究者のための参考書。とくに装置、応用例は実際的に解説し、豊富な例題と各章末の演習問題でより理解を深められるよう構成した。
元大阪府大 正田晴夫著 **改訂新版 化学工学通論 I** 25006-0 C3058　A5判 256頁 本体3800円	化学工学の入門書として長年好評を博してきた旧著を、今回、慣用単位を全面的にSI単位に改めた。大学・短大・高専のテキストとして最適。〔内容〕化学工学の基礎／流動／伝熱／蒸発／蒸留／吸収／抽出／空気調湿および冷水操作／乾燥
元京大 井伊谷鋼一・元同大 三輪茂雄著 **改訂新版 化学工学通論 II** 25007-7 C3058　A5判 248頁 本体3800円	好評の旧版をSI単位に直し、用語を最新のものに統一し、問題も新たに追加するなど、全面的に訂正した。〔内容〕粉体の粒度／粉砕／流体中における粒子の運動／分級と集塵／粒子層を流れる流体／固液分離／混合／固体輸送
千葉大 斎藤恭一著 **数学で学ぶ化学工学11話** 25035-0 C3058　A5判 176頁 本体2800円	化学工学特有の数理的思考法のコツをユニークなイラストとともに初心者へ解説〔内容〕化学工学の考え方と数学／微分と積分／ラプラス変換／フラックス／収支式／スカラーとベクトル／1階常微分方程式／2階常微分方程式／偏微分方程式／他
カリフォルニア大学 J.N.イスラエルアチヴィリ著 東京理科大 大島広行訳 **分子間力と表面力**（第3版） 14094-1 C3043　E5判 600頁 本体8500円	第2版から約20年、物理化学の一分野であるコロイド界面化学はナノサイエンス・ナノテクノロジーとして変貌を遂げた。ナノ粒子やソフトマター等、ライフサイエンスへの橋渡しにもなる事項が多く付け加えられた。大改訂・増頁
中大 鈴木 茂・(株)環境管理センター 石井善昭・大阪府環境農林水産総合研究所 上堀美知子・神奈川県環境科学センター 長谷川敦子・(株)住化分析センター 吉田寧子編 **有害物質分析ハンドブック** 14095-8 C3043　B5判 304頁 本体8500円	環境中や廃棄物、食品や製品・材料に含まれる化学物質の分析・特定は安全な社会生活の基盤を築くために必須となっている。加工食品への農薬混入の問題、不法投棄された廃棄物の特定、工業製品や材料に混入されている化学物質の情報公開など、現在分析手法に対して、より高い精度やスピードが求められている。本書では、化学物質を特定するためのシナリオ作りから始め、適切な分析方法の選択、そして実際の分析方法までを具体的・実践的にまとめるものである。
粉体工学会編 **粉体工学ハンドブック** 25267-5 C3058　B5判 752頁 本体25000円	粉体工学に関連する理論、技術、データ、産業応用例などを網羅した総合事典。粒子・粒子集合体の基礎的な物理特性のみならず、粉体を材料として設計・利用するための機能・物性を重視した構成。〔内容〕粉体の基礎特性と測定法(粒子径,形状,密度,表面ほか)／単一粒子および粒子集合体の特性(粒子の運動、電気的・磁気的性質、吸着・湿潤特性ほか)／粉体を扱う単位操作(合成・晶析・成形ほか)／粉体プロセスの計測／粉体プロセスの実際(産業応用例)／環境と安全

上記価格（税別）は2014年2月現在